다운증후군 아이가
찾아왔다

다운증후군
아이가
찾아왔다

울림 지음

민들레

차례

그 모든 고통이 글로 쓰면 더 이상 내 것이 아닌 것처럼
느껴졌다. 나한테서 떨어져 글자가 되고 문장이 되는 것 같았다.
그렇게 하나하나 떨쳐내는 힘으로 하루하루를 살았다.

살기 위한 글쓰기

신생아 집중치료실 퇴원을 며칠 앞둔 어느 새벽, 갑자기 눈이 번쩍 떠졌다. 바로 컴퓨터를 켜고 글을 쓰기 시작했다.

다운증후군을 가진 아이면 어떠냐고, 기다리던 둘째인데 장애가 있다는 이유로 포기할 수는 없다고 큰소리치며 아이를 낳았지만, 낳자마자 수술실에 들여보내고 집중치료실에 아이를 둔 채 홀로 퇴원해 한겨울에 병원 면회를 다니는 건 생각보다 서럽고 고된 일이었다. 툭 치면 눈물이 떨어질 만큼, 내 안에 슬픔이 가득 차서 넘치기 일보 직전이었다. 아이를 낳은 후에 장애를 알게 되는 경우 가족이 함께 그 충격과 슬픔을 소화할 수도 있겠지만, 장애가 있는 배 속의 아이에 대해 저마다 의견이 달랐던 우리 가족은 서로에게 힘이 되어줄 수 없었다.

갑자기 뭐에 홀리기라도 한 듯 내 안에 쌓인 슬픔을 글로 토해냈다. 퇴고도 하지 않고, 인연이 있던 교육잡지《민들레》편집장님께 메일을 보냈다. 장애를 가진 아이를 만난 엄마가 "모르는 세계로 들어서는 현재진행형"의 글이라 더 의미가 있다며 일 년 동안 아이 이야기를 연재해줄 수 있겠냐는 답변을 받았다. 대개 장애아를 돌보는 양육자는 바쁘고 지쳐서 아이가 한참 자란 후에야 회고 형식으로 글을 쓰는 경우가 많은데, 내 글은 미숙하고 편협한 점이 있을지라도 지금 겪고 있는 일을 기록하고 있어서 더 생생하게 느껴진 것 같다.

격월간 잡지라서 두 달에 한 번 원고를 쓰면 되었지만, 수시로 종합병원 진료를 다니고 아이를 돌보면서 글 쓸 짬을 내기가 녹록지 않았다. 마감을 앞두고 졸린 눈을 비비며 겨우겨우 써서 보내는 날이 많았다. 사건이 끊이지 않아서 글감이 부족할 걱정이 없다는 걸 다행으로 여겨야 할까. 은유 작가는 『다가오는 말들』에서 "자꾸 몸에 들러붙는 생각, 솟아나는 얘기, 복받치는 불행이 아니라면 무엇을 쓸까"(145쪽)라고 말한다. 글쓰기에 큰 관심이 없던 내게 둘째 꿈별이는 자꾸만 몸에 들러붙는 생각과 솟아나는 이야기, 복받치는 슬픔을 주었다. 그래서 쓸 수밖에 없었다.

장애가 곧 불행은 아니다. 그러나 나는 비장애인으로 사십 년 넘게 살아왔고, 주변에 아는 장애인도 한 명 없었다. 그 삶이 어떤지 가늠조차 못하던 사람이 하루아침에 장애아의 엄마가 되는 건 불행에 가까웠다. 아이를 어찌할 수 없을 만큼 사랑하지만 그렇다고 내가 지금 겪는 급격한 변화와 충격의 강도가 줄어드는 건 아니라는 이야기다.

취직 시험에 떨어지고, 우울증을 겪고, 회사에서 부당한 일을 당하는 정도가 둘째 꿈별이를 낳기 전까지 내가 겪었던 나쁜 일들의 목록이다. 우울하다고 할지언정 불행이라는 단어를 떠올린 적은 없었다. 어떤 순간에도 스스로를 다시 행복하게 만드는 방법을 안다고 자부하며 살았다. 임신 중에 아이의 장애를 알게 되고, 남편과 사이가 나빠지고, 아이를 낳고 나서 닥친 현실이 각오한 것보다 훨씬 더 버거워지자 마침내 내 입에서 '불행하다'는 말이 나왔다.

꿈별이를 낳기 전까지 나는 대학병원 어린이병동에 그

렇게 많은 환아들이 있다는 사실을 모르고 살았다. 희귀 질환의 종류가 그렇게나 많은 줄도 몰랐으며, 갓난아이가 진료를 보는 과가 열 개나 될 수 있다는 사실을 상상조차 해본 적 없다. 신생아를 데리고 종합병원에 검사를 하러, 진료를 보러 다니는 고단함을 직접 겪기 전에는 알 길이 없었다. 아이가 없던 삶에서 있는 삶으로의 변화도 급격하지만, 비장애아를 키우다 장애아 엄마로 전환한 삶은 더욱 드라마틱했다.

여행의 좋은 점은 내가 있던 곳을 벗어나 다른 시각을 갖게 된다는 것이다. 나는 꿈별이로 인해 그동안 머물던 곳에서 완전히 다른 지점으로 영구히 이동하게 됐다. 무심코 지나치던 걸 다시 보게 되고, 새롭게 알게 되고, 이야기가 계속 솟아났다. '선량한' 차별주의자*로 가득 찬 세상에서 나역시 자각하지 못한 채 차별주의자로 살아왔음을 알아차렸다. 사람들이 별생각 없이 건네는 말을 마음에 담아두며 상처를 받기도 했다. 그래서 도무지 떨쳐지지 않는, 몸에 들러붙는 생각들이 많아졌다. 그 모든 게 나를 쓰게 만들었다.

---

* 김지혜, 『선량한 차별주의자』, 2019, 창비.

타고난 글쟁이도 있을 거다. 글을 좋아해서, 좋은 작품을 많이 읽고 문장을 벼려 좋은 작가가 된 사람도 있을 것이다. 나는 타고난 글쟁이도 아니고 글이 좋아서, 잘 쓰려고 노력해서 글 쓰는 사람이 된 것도 아니다. 쓰지 않고는 배기지 못할 만큼 많은 말들이 솟아오르고 넘쳐흘러서, 투박한 문장으로나마 쏟아낼 수밖에 없었다. 사람을 만날 시간도, 마음의 여유도 없는 장애아 엄마가 혼자서 글로나마 처음 겪는 불행을 토해내지 않았다면 제정신으로 살아 있기 힘든 시절이었다.

글쓰기는 내게 유일한 소통 창구였다. 병원 갔다가 첫째 하원 시간 맞춰 집에 오기도 빠듯했기에 누굴 만날 시간 자체가 없었다. 처음에는 집으로 친구들을 초대하기도 했지만, 점점 그럴 마음조차 내기가 힘들었다. 대인기피증처럼 모든 만남을 피하고, 모든 채팅방에서 빠져나왔다. 오로지 이야기를 나누는 상대는 일주일에 한 번 만나는 상담 선생님뿐이었다. 온전히 내 이야기를 할 수 있는, 숨통 트이는 한 시간이었다. 그 나머지 시간의 막막함을 풀어준 게 글쓰기였다.

연재할 원고를 쓰기에도 급급했지만, 정제된 글 말고 그때그때 떠오르는 말을 쏟아내고 싶어서 블로그에도 글을 올리기 시작했다. 처음 이유식을 먹은 날, 뒤집기에 마침내 성공한 날, 유독 슬펐던 날, 유독 예뻤던 날, 느리게 크는 꿈별이 육아기를 썼다. 바닥을 친 날에 쓴 글을 조금 편해진 날에 읽으면 '그래, 이런 날도 있었지' 하며 위안이 되었고, 기뻤던 날에 쓴 글을 우울할 때 읽으면 '좋은 날도 있었네. 다시 그런 날이 올 거야' 하며 희망이 생기기도 했다.

쓰는 행위 자체가 주는 해소의 기쁨도 있었지만, 독자들이 남겨주는 공감과 댓글에 위로를 받기도 했다. 나보다 조금 늦게 다운증후군 아이를 낳은 사람들이 질문을 해올 때면, 선배 엄마들이 내게 해준 것처럼 알고 있는 정보와 함께 응원의 마음을 전하기도 했다. 그렇게 글을 통해 세상과 연결되었다. 상처받기 두려워서 숨었지만, 그렇다고 고립되고 싶지는 않았던 모양이다. 글을 통한 연결은 나를 지킬 수 있는 유일하고 안전한 방법이었다.

겪은 일을 글로 쓰면 그 슬픔과 힘듦이 내 몸에서 조금 멀어지는 느낌이 든다. 나를 숨 막히게 하던 괴로운 일들이 글을 쓰면 내게서 조금 떨어져 나갔다. 혼자 앉지도 못하는 어린아이를 치료 기구에 억지로 묶어서 세우고, 치료 시간 내내 목이 쉬도록 우는 아이의 손을 잡고 눈물, 콧물, 침을 닦아주면서 입술을 깨물던 시간. 쓰디쓴 진정제를 억지로 먹이고 몸부림치는 아이를 안고 달래어 검사실에 눕히고 나올 때의 참담함. 진료 때마다 늘어가는 병명과 증상들. 그 모든 고통이 글로 쓰면 더 이상 내 것이 아닌 것처럼 느껴졌다. 나한테서 떨어져 글자가 되고 문장이 되는 것 같았다. 그렇게 하나하나 떨쳐내는 힘으로 하루하루를 살았다.

대단한 글이 아니어도 나에게는 쓰기가 곧 치유였다. 많은 사람들이 좋아하는 글이 아니라 해도 괜찮았다. 나 하나 살리는 글이니까, 그 가치는 이미 충분했다. 써야 살 수 있어서 써왔고, 지금도 쓴다. 나를 살린 글이 누군가에게 가닿는다면, 찰나의 위로가 될 수 있다면 더 바랄 게 없겠다.

울림

1
—

꿈별이를
만나기까지

나는 아이를 그리고 내 몸과 마음을 지키기로 했다.
나 대신 아이를 배에 품고 다닐 게 아닌 사람들의 말에
휘둘리지 않기로 했다. 나 대신 피 쏟으며 아이를 낳을 수 없는
사람들의 말을 듣지 않기로 했다. 꿈벌이를 지킬 사람이
나뿐이었던 것처럼, 날 지킬 수 있는 사람도 나밖에 없었다.

둘째가
찾아왔다

　머칠 기다리면 더 선명한 선을 확인할 수 있다는 걸 알지만 참지 못하고 테스트를 해보았다. '매직 아이' 하듯 자세히 들여다보니 희미하게 두 줄이 보였다. 간절히 바라서 헛것을 본 건 아닌가 싶어 남편에게도 보이느냐고 물어봤다. 그렇게 싱겁게 둘째의 존재를 알았다. 4년 만에 찾아온 아이였다. 외동으로 키울 게 아니라면 빨리 둘째를 낳아서 한 번에 육아를 해치우라는 조언이 많았지만 나는 온전히 첫째에게 몰입하고 싶었다. 어느 정도 이 아이에게 사랑과 정성을 쏟아부은 후에야 다른 존재를 맞이할 마음의 준비가 될 것 같았다.

엄마의 성향에 따라 육아 방식은 달라진다. 나에겐 첫째인 고래에게만 집중할 수 있는 시간이 필요했다. 남편이 해외 근무 중이라 '독박육아'를 하고 있기에 더욱 그랬다. 오롯이 혼자서 한 생명을 돌봐야 한다는 책임감만으로 버거웠기에 섣불리 둘째 생각을 할 수 없었다. 남편의 해외 근무가 끝나고, 첫째가 세 돌이 지난 후에야 슬슬 둘째 생각이 났다.

나와 남편이 그랬듯, 다른 가족들도 '가족의 완성은 넷'이라고 철석같이 믿었기에 둘째의 임신 소식을 반겼다. 딸이 고생하는 게 싫었던 우리 엄마는 "하나만 잘 키워" 하시곤 했지만 막상 둘째 소식을 전하자 활짝 웃으며 기뻐하셨다. 2년여의 독박육아 끝에 남편도 돌아왔고, 첫째는 어린이집에 다니기 시작했고, 이민을 준비하기 위해 남편이 육아휴직을 했고, 때마침 나는 둘째를 임신했다. 모든 게 순조로웠다. 이보다 더 좋을 수 있을까, 자만할 만큼 모든 게 완벽했다.

첫째의 태명은 고래였다. 이름처럼 크게 자라 3.8킬로그램으로 태어난 고래는 목청도 고래처럼 크고, 몸집도 키도 늘 또래보다 컸다. 고래는 통잠을 늦게 자서 애먹었다. 친구가 둘째에게 '꿀잠'이라는 태명을 지어줬더니 과연 태어나서 꿀잠을 자더라는 이야기가 떠올랐다. 그대로 따라 하기는 좀 그렇고 '꿈'을 넣어서 태명을 짓자고 남편과 상의했다. 고래라는 태명도 남편의 제안이었는데 이번에도 그가 좋은 이름을 생각해냈다.

"꿈별이 어때?"

꿈꾸는 별이라니! 반짝반짝, 이 얼마나 아름다운 이름인가. 그렇게 둘째의 태명은 꿈별이가 되었다. 배를 쓰다듬으며 "꿈별아" 하고 불렀다. 꿈꾸던 곳으로 이민을 가서 우리 네 식구가 행복하게 사는 모습을 그려보았다. 마음이 벅차올랐다.

임신 3개월 즈음, 이사를 앞두고 있었기에 조금씩 짐 정리를 하다가 이사 며칠 전부터는 밤늦게까지 필요 없는 물건을 치우고 정리를 했다. 이삿날 아침, 매트리스까지 흠뻑 젖을 만큼 심하게 하혈을 했다. 첫째를 어린이집에 데려다준 뒤 산부인과로 달려갔더니, 하혈뿐 아니라 양수까지 새고 있어서 유산 위험이 있으니 당장 입원하라고 했다. 자궁 수축 억제제 링거를 달고 입원실에 누웠다. 하염없이 눈물이 흘렀다. 둘째라고 조심하지 않아서 그랬나 봐, 첫째 챙긴다고 너무 안 쉬어서 그랬나 봐, 이사 앞두고 쪼그려 앉아 장 가르기를 해서 그랬나 봐, 책 정리를 너무 열심히 해서 그랬나 봐… 꼬리에 꼬리를 물고 자책이 쏟아졌다.

입원해 있는 며칠 동안 나는 생명에 우선하는 건 없다는 걸 절실히 느꼈다. 이 아이만 잘 버텨준다면, 잘 살아준다면 무슨 일이든 다 하겠다는 기도가 절로 나왔다. 종교도 없는 내가 손을 모으고 제발 아이를 지키게 해달라고 기도했다. 그때 배 속에서 스르륵 움직임이 느껴졌다. 배에 손을 대보았다. 다시 스륵 부드러운 움직임이 느껴졌다. 첫 태동이었다!

첫째 때는 조금 늦게 태동을 느꼈던 것 같은데 임신 12주라는 이른 시기에 아이가 움직였다. 회진 때 의사에게 물었더니 둘째를 가진 산모들은 일찍 태동을 느끼곤 한다며 "아이가 잘 버텨주고 있나 보네요"라는 말로 나를 안심시켜주었다. 걱정과 자책으로 하염없이 울고 있는 엄마를 위로하려는 듯 나 괜찮다고, 꿈별이가 신호를 보냈다. 꿈별아, 너는 살아 있구나. 엄마의 마음을 다 느끼고 있구나. 고마워. 우리 꼭 건강히 만나자. 한 고비를 넘겼다는 안도감과 잘 버텨준 아이에 대한 고마움으로 마침내 눈물을 거둘 수 있었다.

검사
또 검사

일주일 남짓 유산방지제를 맞으며 병원에 있다가 양수
흐르는 게 멎자 퇴원을 하기로 했다. 기형아 1차 검사를
위해 피를 뽑았다. 의사에게 당장은 양수가 멎었지만 매우
위험한 상황이니 앞으로 두 달간 꼼짝 말고 누워 있으라
는 주의를 들었다. 한 달쯤 조심하며 지내다가 2차 피검사
를 위해 다시 병원을 찾았다. 기형아 검사 결과는 다운증
후군과 에드워드증후군 두 가지에서 고위험군으로 나왔
다. 특히 다운증후군은 1:6으로 확률이 매우 높았다.

걱정하는 나와 남편에게 의사는 양수가 흐른 지 얼마

되지 않아서 지금 검사를 위해 양막에 바늘을 찌르면 유산 위험이 더 커질 수 있다며, 추가 검사를 권하지 않는다고 했다. 정 불안하면 산모의 피를 뽑아서 하는 검사 중에 조금 더 정확한 '니프티 검사'도 있다고 알려주었다. 의사는 내가 35세 이상인 노산이기 때문에 고위험군으로 나온 것일 수도 있다고 덧붙였다.

집에 돌아와서 고민을 했다. 아이가 다운증후군을 가지고 태어난다면 어떨까, 생각해보았다. 피가 흐르고 양수가 흐를 때 아이를 잃을까봐 그렇게 걱정하고 무서워했으면서 더 정확한 기형아 검사를 하는 게 의미가 있을까? 나는 이 아이를 이미 사랑하게 되었는데, 이 아이를 잃을까 두려운데, 꼭 지키고 싶은데, 기형아로 밝혀지면 어떻게 해야 하지? 입덧이 조금씩 괜찮아져서 이제 막 밥을 먹기 시작했고, 조금만 버티면 안정기가 되는 상황이었다. 임신 16주였던 나는 양수 검사도, 니프티 검사도 하지 않기로 결정했다.

"꿈별이가 다운증후군일 수도 있지만 사랑으로 낳아서 키우고 싶어."

내 말에 남편도 추가 검사를 하지 않는 데 동의했다. 말은 그렇게 했지만 심각하게 걱정하진 않았다. 사실은 둘 다 설마, 싶었던 것 같다.

한 달을 더 조심하며 지낸 후 임신 20주 차가 되어 병원을 찾았다. 아이도 잘 있고 자궁 상태도 좋아졌다고 했다. 이제 안정기에 접어들었다고, 그동안 고생했다고, 천천히 일상으로 돌아가도 된다고 의사가 웃으며 이야기했다. 산책을 조금씩 해도 된다고 했다. 햇살도 눈부신 가을날이었다. 가족들에게 기쁜 소식을 알렸다. 다들 고생 많았다고, 축하한다고, 함께 기뻐했다.

고래와 놀이터 나들이도 하고, 외식도 하며 서서히 일상으로 돌아오던 임신 22주, 정밀 초음파를 보러 다시 병원에 갔다. 20주에 시도했지만 꿈별이가 중요한 장기들을 보여주지 않아서 다시 예약을 잡은 터였다. 오늘은 꿈별이가 초음파 검사에 잘 응해줄까 이야기를 나누며, 남편과 나는 한껏 들뜬 표정으로 검은 화면을 바라보았다.

평소에는 여기가 머리고, 여기가 팔이고, 다리라고, 잘 크고 있다고 이야기를 건네던 초음파실 선생님이 그날따라 아무 말 없이 여기저기 기기를 갖다 대더니, 점점 얼굴이 굳어졌다. 귀엽다며 아이의 움직임을 지켜보던 나와 남편도 차츰 이상한 분위기를 느끼고 입을 다물었다. 정밀 초음파 검사실에는 세 사람의 숨소리와 기계 소리만 간간이 들렸다. 그는 평소보다 많은 초음파 사진을 출력하더니 황급히 검사실을 나서며 우리에게 복도에서 대기하라고 말했다. 진료실 앞에 앉아 기다리는데 살짝 열린 문틈으로 담당 의사와 초음파실 의사가 나누는 이야기가 들려왔다. "문제가 있다"는 말이 날아와 내 귀에 꽂혔다. 의사도 간호사도 굳은 얼굴로 남편과 나를 맞이했다.

"여기 이 까만 주머니가 태아 위장인데, 하나가 아니라 두 개로 보이죠. 양수를 삼키면 소화가 되어 소변으로 나오면서 순환이 되어야 하는데 이렇게 버블이 두 개로 보이는 건 십이지장이 막혀 있기 때문이에요. 콧대도 낮아 보이고, 심장과 뇌에도 이상 소견이 보입니다. 여러 징후를 종합해봤을 때 다운증후군일 가능성이 높아요. 의뢰서를 써줄 테니 큰 병원에 가서 정밀 검사를 해보세요."

첫째를 자연출산 전문 병원에서 낳은 나는 둘째는 집에서 낳을 계획이었다. 동네 산부인과에서 검진을 받다가 막달이 되면 조산사에게 출장을 의뢰해서 가정출산을 하려고 했다. 병원 도착 40분 만에 너무나 순조롭게 첫째를 낳

앉기 때문에 둘째 때는 병원에 가지 않아도 잘할 수 있을 거라 자신했다. 그런데 대학병원에 가라니, 눈앞이 깜깜했다. 다니던 산부인과가 큰 대학병원의 협력 기관이라 바로 예약을 잡아줄 수 있다고 했다. 그 와중에도 나는 자연출산을 지원하는 병원으로 가야 하나 잠깐 고민했다. 아이가 기형일지도 모른다는 소식 앞에서도 자연출산을 하지 못할까봐 걱정하다니. 나에게, 우리 가족에게 어떤 일이 닥치고 있는지 전혀 실감을 못하고 있었다.

한껏 행복에 겨워 초음파실에 들어섰던 나와 남편은 대학병원 진료 의뢰서와 예약 날짜를 받아들고 집으로 돌아왔다. 둘 다 아무 말이 없었다. 분명히 1차 기형아 검사에서 장애가 있을 확률이 높다는 말을 들었고, 꿈별이가 다운증후군일 가능성도 상상해보았으며, 그렇더라도 받아들일 각오가 되었다고 생각했는데 막상 정밀 검사 결과를 듣는 순간 그 모든 각오는 착각이었다는 걸 깨달았다. 나는 정말 꿈별이가 다운증후군일 거라고 생각한 게 아니었다. 유산 위험을 넘겼듯이 기형아 검사 고위험군도 지나가는 짧은 위기일 뿐이라고 여겼던 거였다.

집에 돌아와 '십이지장 폐쇄'라고 인터넷 검색창에 쳐

보았다. 기형아 검사, 정밀 초음파, 십이지장 폐쇄, 다운증후군, 양수 검사… 이런 검색어들을 입력하면서 글을 찾아서 읽고 또 읽었다. 양수 검사에서 다운증후군이라고 나왔는데 막상 아이를 낳았더니 '정상'이었다는 글이 눈에 들어왔다. 그래, 뭔가 잘못된 걸 거야. 큰 병원에 가보면 아니라고 할지도 몰라. 막상 낳아 보면 '멀쩡'할지도 몰라. 나는 꿈별이의 장애 상태를 알리는 신호들을 애써 외면했다.

대학병원 산부인과 외래 진료실 앞에는 수십 명의 산모들이 대기 중이었다. 다들 왜 오랜 시간을 기다려야 하고 복잡하기 이를 데 없는 종합병원으로 검진을 다니는 걸까. 이 많은 임신부들이 전부 몸에, 태아에 문제가 있어서 여기까지 온 걸까. 다들 나처럼 초조한 마음으로 차례를 기다리고 있는 걸까. 눈앞에 앉아 있는 산모들을 보며 한편으론 안심했고, 한편으론 슬퍼졌다. 긴 기다림에 지칠 때쯤 간호사가 이름을 불렀고, 나는 검사실 침대에 누워 윗옷을 걷고 배를 드러냈다. 하얀 가운을 입은 초음파 담당 의사는 검사를 하는 내내 한숨을 쉬었다. 급기야 자리를 뜨더니 잠시 후 담당 교수와 함께 들어왔다. 둘은 심각한 얼굴로 알아듣기 힘든 용어를 쓰며 여기저기 초음파 기기를 갖다 댔다. 무섭고 겁이 났다. 검사가 끝난 후에도 한참을 더 기다린 뒤에야 진료실에서 담당 교수를 만났다. 역시나 다운증후군일 가능성이 높아 보인다고, 제일 시급하고 큰 문제는 십이지장 폐쇄라고 했다.

"원하시면 양수 검사를 해볼 수 있습니다. 기형아 검사에는 여러 가지가 있지만 다운증후군을 확진 판정할 수 있는 검사는 양수 검사뿐입니다."

확진 판정을 받으면 어떻게 되냐고 묻자 의사는 바로 대답을 하지 않았다. 몇 초간의 정적 후에 무겁게 입을 뗐다.

"다운증후군 확진이 된다고 해도 제가 해줄 수 있는 건 아무것도 없습니다."

임신 중지를 원하면 다른 병원을 알아보라는 말로 들렸다. 내가 꿈별이를 임신했을 때는 헌법재판소의 낙태에 대한 헌법 불합치 판정이 나기 전이었기에 임신 중절은 불법이었다. 동네 산부인과에서 들었던 말과 크게 다르지 않았지만 대학병원까지 와서 긴 시간 다시 검사를 받고 들은 이야기의 무게감은 달랐다. 막다른 길에 다다른 느낌이었다. 그럼 어떻게 해야 하지. 아무 생각이 나지 않아 한마디도 못하고 있었다. 의사가 덧붙였다.

"양수 검사를 해서 확진 판정을 받으면 그때부터는 아이 출생 후에 필요한 조치를 취할 겁니다. 우리 병원에서 아이를 낳기로 하면 소아외과, 신생아과, 유전의학과 등 필요한 과와 협진을 해서 태어나자마자 십이지장 수술을 받을 수 있게 준비할 겁니다. 앞으로의 검사는 그 준비를 위한 과정이라고 보면 됩니다."

고개를 들어 의사를 쳐다보았다. 배 속에 있을 때 해줄 건 없지만 아이가 태어나면 필요한 의료적 조치를 바로 받을 수 있게 도와줄 수는 있다는 의미였다. '태어나자마자 십이지장 수술을 해야 한다니!'라는 좌절이 '태어나자마자 수술을 받을 수 있다니! 바로 필요한 처치를 받을 수 있다니! 살 수 있다니!'라는 희망으로 바뀌는 순간이었다. 나는 이 의사를 믿기로 결심했다.

이미 유산 위험을 겪었기에 양수 검사는 내키지 않았다. 확진 판정을 받지 않고 낳아도 되냐고 의사에게 물어보는 내 말을 남편이 끊었다. 그는 잠깐 밖에서 의논을 해보고 말씀드려도 되겠냐고 물었다. 의사는 스케줄을 확인하더니 30분 안에 결정하면 오늘 검사를 해주겠다고 했

다. 남편은 동네 병원에서 정밀 초음파를 본 이후로 며칠
째 잠을 거의 자지 못한 상황이었다. 이전에는 검사를 받
지 않겠다는 내 말에 덤덤하게 동의를 해준 남편이었기에,
그리고 나는 밤마다 잠이 쏟아지는 임신부였기에 그가 그
렇게 위태로운 상태인 줄 알아차리지 못했다. 병원 복도
에서 남편은 울며 말했다. 양수 검사를 하자고, 확실히 알
기 전까지는 매일 잠을 못 잘 것 같다고, 이렇게 불안한 마
음으로 예정일까지 네 달을 보낼 수는 없다고, 그는 애원
했다.

　무통주사가 싫어서 자연출산으로 첫째를 맞이한 내가,
꿈별이가 잘못될까봐 두 달 동안 침대와 한 몸으로 지냈
던 내가, 배에 굵은 바늘을 꽂아 양수를 빼내다 양막이 파
열될 위험이 있는 검사를 선뜻 하겠다고 나설 리가 없음
을 누구보다 잘 아는 그는 내 손을 꼭 붙잡고 부탁했다. 제
발 양수 검사를 해달라고. 눈물을 흘리면서 하는 그의 부
탁을 외면하기 힘들었다. 남편은 고맙다며, 진료실에 검사
를 하겠다고 알리고 수납을 하는 등 이리저리 분주히 돌
아다녔다.

　태어나 한 번도 본 적이 없는 어마어마한 굵기의 바늘

이 팽팽한 나의 둥근 배를 찔렀다. 나는 제발 아무 일 없이 엄마 배에 잘 붙어 있으라고 꿈별이에게 속삭였다. 너무 긴장을 한 나머지 내 배는 어느 때보다 딱딱하게 뭉쳤다. 보통 주삿바늘은 따끔한데, 굵은 주삿바늘은 뜨끔을 넘어 뻐근했다. 누런 양수가 주사기에 모였고, 바늘을 빼며 의사는 수고했다며 혹시 모르니 한 시간 동안 누워 있다가 이상이 없으면 퇴원하라고 말했다. 의료진들이 다 나가고 회복실에 남편과 둘이 남겨졌다. 남편은 미안하고 고맙다며 내 손을 잡았다. 나는 침대에 누운 채 그의 머리를 쓰다듬었다.

다운증후군
확진 판정을 받고

　며칠 뒤 양수 검사 결과가 나왔다. 기형아 피 검사와 정밀 초음파 검사에서 보였듯이 다운증후군일 확률이 99.7%라고 했다. 결국 꿈별이는 다운증후군 '확진' 판정을 받은 거다. 그리고 지옥이 시작되었다.

　피 검사 때까지만 해도 양수 검사를 하지 않겠다는, 장애가 있더라도 아이를 낳겠다는 내 뜻을 지지해주던 남편은 '그땐 당연히 다운증후군이 아닐 거라 생각해서 그랬다'며, 아이를 보내주자고 말했다. 소식을 들은 가족들은 큰일이라도 난 것처럼 우리 집으로 몰려왔는데 한결같이 울면서 들어왔다. 이미 아이가 죽기라도 한 듯. 그리고 당연하다는 듯 임신 중절을 말했다. 확진 판정은 내게도 청천벽력이었다. 눈물이 쉬지 않고 흘러내렸지만, 그 와중에도 꿈별이는 배 속에서 발길질을 하며 뒹굴고 있었기에 난 아이가 이미 죽었다는 듯이 말할 수는 없었다.

"23주면 지금 태어나도 살 수 있을 만큼 자란 상태야. 게다가 임신 중절은 불법인데 나보고 범법자가 되라고? 불법 수술을 해주겠다는 의사한테 내 몸을 맡기라고?"

아이를 키울 수 없는 상황이라면, 생존이 위협받는다면 임신 중지를 택할 수도 있지만, 그 누구도 마음 편히 하는 선택은 아닐 것이다. 임신이 그러하듯 임신 중지도 여성의 몸에 큰 영향을 준다. 이미 유산 위험까지 이겨내며 안정기에 접어들었는데 겨우 자리 잡은 아이를 억지로 몸에서 떼어내다니, 불편한 마음은 둘째 치고 내 몸이 그걸 견뎌낼 수 있을까. 아이도 아이지만 내 몸이 걱정되었다. 아이를 보내주라는 말이 내게 칼을 겨누는 것처럼 위협적으로 들렸다.

내 입에서 나오는 말도 칼날 같긴 마찬가지였다. 나는 아이를 죽이라고 할 거면 나가라고, 다시는 우리 집에 올 생각도 하지 말라고 소리를 질렀다. 남편은 내가 지적장애에 대해 잘 몰라서 그러는 거라며 나를 설득하려 했다. 학창 시절에 지적장애 동급생을 일 년 동안 챙겼던 일화를 이야기하며, 그 친구의 엄마는 늘 지쳐 보였다고 말했다. 나를 사랑하기에, 내가 그런 엄마가 되는 모습을 두고 볼 수 없다고 애원했다. 난 그의 손을 뿌리치며, 혼자라도 낳겠으니 계속 아이를 지우라고 할 거면 이혼하자고 했다.

어제까지 유산 위험을 이겨낸 장한 임신부였던 나는 가족의 행복을 깨뜨리는 악녀가 되었고, 어제까지 사랑스럽고 소중한 둘째였던 꿈별이는 가족의 정상성을 위협하는 방해꾼이 되었다. 배 속의 꿈별이는 처음부터 지금까지 그저 꿈별이일 뿐인데, 대체 기형아 검사가 뭐라고 아이를 대하는 가족들의 태도가 돌변하는 걸까 원망스러웠다.

사실 꿈별이의 장애가 당황스러운 건 나도 마찬가지였다. 당시 우리 가족은 호주로 이민을 준비하던 중이었는데, 영주권 신청 절차의 마지막 단계는 가족 구성원 모두의 신체검사였다. 가족 중에 질병이 있거나 장애가 있는 경우 영주권이 나오지 않을 거라는 말이 많았다. 호주에서 오래 산 부부가 다운증후군 아이를 낳자 영주권 심사에서

탈락했다는 기사도 있었다. 하물며 우린 아직 한국에 있는데 영주권이 나올 리 없다는 결론에 다다랐다. 가족의 새출발마저 좌절되자 남편은 더 강하게 임신 중지를 요구했다. 나도 꿈에 그리던 호주 이민을 포기해야 한다는 게 가장 받아들이기 힘들었다. 다만 다른 나라에서 살고 싶다는 이유로 아이를 희생시키면, 이민을 가더라도 내가 행복하지 않을 거란 걸 알았다.

나와 남편은 매일 밤, 첫째를 재운 뒤 서로의 바닥을 드러내며 물어뜯었다. 케케묵은 서운함까지 다 끌어올려 인신공격을 해댔다. 불과 한 달 전, 일주일 전까지 너무나 사랑하던 부부였는데 며칠 만에 서로가 철천지원수라도 된 듯 싸웠다. 아이를 낳으려는 건 내 욕심이라고, 내가 온 가족을 지옥의 불구덩이로 끌고 가는 거라고 그가 말했다.

"넌 나와 고래를 버려두고 해외로 일하러 갔잖아, 어차피 너 없이 고래를 키웠는데 둘이라고 못 키울 거 같아?"

2년간의 해외 근무를 들먹이며 내가 쏘아붙였다. 남편은 더 이상 자신이 지은 태명조차 부르지 않았다. 우리는 '그 애' 때문에 가난하고 불행해질 거라고, 그때 가서 자기 탓하지 말라는 말에 나는 당장 내일 고래한테 사고가 나서 장애가 생기면 고래도 버릴 거냐고 맞받아쳤다.

임신을 겪고 있는 건 나 자신이고, 출산도 임신 중지도 내 몸에서 벌어지는 일이며, 내가 감당해야 하는 일인데 누구도 대신해 줄 수 없는 일에 대해 너무 쉽게 입을 떼는 게 화가 났다. 아무리 사랑하는 가족이라 해도 타인인데 내 존엄성이 침해당하는 느낌이었다. 아이는 가족이 같이 키우니까 함께 결정해야 한다고 말하는 사람도 있었다. 물론 도움을 청하면 부모님들이 와주시기도 했지만 같이 살지 않는 이상, 남편이 해외 근무로 집에 없는 상황에서 육아는 온전히 내 몫이었다. 출산만큼이나 철저하게, 누구도 대신해줄 수 없는 내 일이었다.

배 속의 꿈별이는 힙합을 좋아했다. 힙합 경연 프로그램 〈쇼미더머니〉를 볼 때면 둠칫둠칫 발차기를 했다. 록 음악도 좋아했다. 〈보헤미안 랩소디〉 영화를 보는 내내 감동이라도 받은 듯 격하게 움직였다. 누나가 어린이집에서 돌아와 엄마 배를 만지면 꼭 발차기로 화답해주었다. 나는 배에 손을 댄 채 태담을 하고 노래를 불러주었다. 고래 임신 때 그랬듯이 우리 집 고양이들도 꿈별이와 교감했다. 고양이들이 배 위에 올라와서 갸릉갸릉 '골골송'을 부르면 꿈별이도 기분 좋은 듯 부드럽게 태동을 했다. 꿈별이가 기형아라 해도 그 사실을 알기 전처럼 사랑할 수밖에 없었다. 갑자기 사랑이 멈출 수는 없는 일이었다.

꿈별이를 낳기로 결정한 또 다른 이유는 고래 때문이었다. 장애를 이유로 꿈별이를 포기하면 언젠가 고래가 커서 그 사실을 알게 되었을 때 "내가 장애인이 되면 엄마는 나를 버릴 거야?"라고 물어올 것 같았다. 난 그렇지 않다고, 네가 어떤 모습이든 언제나 너를 사랑할 거라고 고래에게 말해주고 싶었다. 다운증후군을 가졌다는 걸 알고도 꿈별이를 낳아서 키우는 것이 고래에게 그 말을 해주는 거라고 생각했다. 엄마는 너희들이 어떤 모습이어도, 기대하던 모습이 아니어도 변함없이 사랑할 거야. 언제나 사랑할 거야. 그 말을 하는 방법이 나에게는 꿈별이를 낳아서 사랑으로 키우는 것이었다.

나는 아이를 그리고 내 몸과 마음을 지키기로 했다. 나 대신 아이를 배에 품고 다닐 게 아닌 사람들의 말에 휘둘리지 않기로 했다. 나 대신 피 쏟으며 아이를 낳을 수 없는 사람들의 말을 듣지 않기로 했다. 꿈별이를 지킬 사람이 나뿐이었던 것처럼, 날 지킬 수 있는 사람도 나밖에 없었다. 장애아를 키우는 게 아무리 힘들다고 한들, 내 몸과 마음에 대한 결정권을 남에게 넘기고 이미 교감하며 사랑하게 된 아이를 죽이는 것보다 힘들까?

임신 후기에 접어들며 남편과 나는 싸움을 멈췄지만 더이상 어떠한 대화도 나누지 않게 되었다. 고래 앞에서 필요한 최소한의 말만 할 뿐 서로 눈도 마주치지 않았다. 내새끼 지킬 거라며 떠날 테면 다 떠나라고 큰소리를 쳤지만, 사실은 남편이 정말 나를, 우리를 떠날까봐 매일 두려웠다. 뼈아프게 깨달았다. 나에게는 그가 필요하다는 사실을. 속으로는 제발 나와 아이들을 떠나지 말라고 외치고 있었다.

아이와 처음
눈을 마주친 순간

꿈별이는 염색체 이상과 십이지장 기형, 심장 구멍 등의 합병증을 가지고도 37주까지 잘 버텨주었다. 다만 십이지장 폐쇄 때문에 양수를 소화하지 못해서 내 배는 쌍둥이를 임신한 것만큼 커졌다. 진단명은 '양수 과다증'이었다. 38주가 되어가니 의사는 출산을 해도 되는 시기이니 양수 감압술을 받으라 했다. 아이 몸무게도 많이 늘었고 주수도 제법 찼기에 그간 의사의 권유를 미뤄오던 나도 이제는 알겠다고 했다.

감압술을 받으면 바로 출산이 진행될 수도 있다고 해서

검진일 전에 미리 출산 가방을 싸고 신생아용품을 정리했다. 소창 기저귀를 새로 주문해서 삶고, 옷장 구석에서 고래가 입었던 아기옷을 꺼내 세탁했다. 집 안 청소도 싹 하고 친구들에게 유축기나 좌욕기 같은 출산용품도 물려받았다. 혹시 바로 출산을 하게 되면 첫째를 맡겨야 하니까 친정엄마께 와달라고 부탁했다.

밤 10시쯤 전화벨이 울렸다. 병원이었다. 지금 신생아 집중치료실에 자리가 났으니 내일 아침에 와서 양수 감압술을 받고 바로 유도 분만을 하는 게 좋겠다는 연락이었다. 아이가 태어나자마자 십이지장을 연결하는 수술을 받아야 하는데 만약 치료실에 자리가 없으면 다른 병원으로 이송해야 할 수도 있다고, 심장에도 이상이 있기 때문에 빨리 수술할 병원을 찾지 못하면 생명이 위험할 수도 있다고 했다. 담당 의사가 협진 준비를 하고 있으니 내일 아침에 출산 준비까지 해서 병원으로 오라고 했다. 양수 감압술을 받으면 바로 출산이 진행될 수도 있다는 걸 알고 있었지만 유도 분만은 예상치 못했기에 당황했다.

아이에게 최선이라는 말에 알겠다고, 감사하다고 전화를 끊고 가족들에게 알렸다. 남편은 상사에게 급히 연락해 휴가를 냈다. 다음 날 아침 고래에게 오늘 동생이 태어날 거라고, 할머니 말씀 잘 듣고 있으라고 설명을 해주고 남편과 집을 나섰다. 병원으로 가는 길, 남편과 나는 둘 다 말이 없었다. 첫째 때는 진통하며 아파하는 나를 보고 더 속상해하며 울던 그가, 조금만 힘내라고 손잡아주던 그가, 긴장해서 가쁜 숨을 쉬는 내게 괜찮냐는 말조차 건네지 않았다. 인생에서 손에 꼽을 만큼 중요한 날이고 긴장되는 날인데, 가장 가까운 사람에게 지지를 받지 못한다는 게 서글펐다.

환자복으로 갈아입고 분만 대기실 침대에 눕자 장비들이 들어오고 의료진이 나를 둘러쌌다. 양수 검사 때처럼 굵은 바늘이 배를 찔렀다. 주사기로 양수를 빼내고 다 차면 또 주사기를 바꿔서 빼냈다. 양수 검사는 잠깐만 참으면 됐는데, 양수감압술은 양수 빼는 과정을 여러 번 반복하기 때문에 더 아프고 힘들었다. 계획했던 1.5리터를 다 빼지 못했는데 꿈별이가 자꾸만 바늘 쪽으로 움직여서 더 진행할 수가 없었다. 의사는 그래도 조금은 뺐으니 자궁수축에 도움이 됐을 거라며 이제 촉진제를 맞고 유도분만을 시작하자고 말했다.

다행히 촉진제로 수축 유도가 잘 되어서 세 시간 후부터 진통이 시작되었다. 남편한테 춥다고 담요 좀 덮어달라고, 너무 아프니 허리 좀 만져달라고 부탁했다. 남편은 별다른 말 없이 해달라는 대로 해주며 곁을 지켰다. 꿈별이가 다운증후군 확진 판정을 받은 후 싸우지 않으면서 가장 오래 붙어 있는 시간이었다. 진통을 하는 와중에도 그게 기뻤다. 원수라도 된 듯 싸웠지만 어쨌든 꿈별이를 낳을 때 옆에 있어줘서 고마웠다. 당연하다고 여기던 일이 당연하지 않다는 걸 알게 되었기 때문이다.

자연출산 책의 호흡법을 떠올리며 무지개를 상상하면서 호흡을 했다. 빨주노초파남보 순서대로 떠올리면서 천천히 들숨과 날숨을 쉬는 방법인데, 자꾸만 노랑에서 멈췄다. 진통 중인 나를 온통 노란빛이 감쌌다. 고래 낳을 때 바닷속 진짜 고래를 상상하며 진통했던 기억이 떠올라 바다를 그려봤다. 짙은 인디고 바닷속으로 노란 별이 떨어지는 이미지가 찾아왔다. 노란 별은 붉은빛으로 감싸져 있었다. 별은 더 깊은 바다로, 아래로 아래로 내려갔다. 별을 따라서 호흡을 하니 꿈별이가 쑥쑥 내려오는 게 느껴졌다.

가족 분만실로 옮긴 지 한 시간쯤 되었을까, 꿈별이가

나올 준비가 되었다고 했다. 침대의 양옆에 있는 봉을 잡고 힘을 주면서 꿈별이와 호흡을 맞췄다. 꿈별이는 내 호흡에 맞춰, 내가 힘주는 타이밍에 맞춰 열심히 밑으로 내려왔다. 나랑 꿈별이가 동시에 영차영차 애를 쓰는 게 느껴졌다. 나는 꿈별이를 만나기 위해, 꿈별이는 엄마를 만나기 위해 힘을 합치고 있었다. 그 느낌이 가슴 벅찼다.

양수와 함께 꿈별이가 드디어 세상에 나왔다. 간호사들이 처치를 하는 동안 나는 고개를 돌려 아이 쪽을 보며 "꿈별아, 잘했어. 엄마 여기 있어. 꿈별아. 꿈별아." 불렀다. 의료진에 가려 아이 모습은 잘 보이지 않았지만 앙앙 우는 소리가 너무 예쁘고 귀여웠다. "꿈별아, 잘 왔어. 엄마 여기 있어." 태담으로 듣던 엄마 목소리에 꿈별이가 조금이라도 진정하길 바라며 계속 말을 건넸다.

신생아 집중치료실로 옮기기 전 속싸개로 싼 꿈별이를 간호사가 잠깐 가슴팍에 안겨 주었다. 잠시나마 아이를 안아 볼 수 있어서 정말 감사했다. 품에 안긴 꿈별이가 너무 예뻐서 나는 혹시 0.03%의 기적이 일어난 건 아닐까 희망을 품기도 했다. 다운증후군을 가진 아이라면서, 이렇게 예쁘다고? 양수 검사가 잘못된 거 아니야? 남편은 먼발치에서 지켜보다가 꿈별이 사진을 찍고 수술동의서 등 필요한 수속을 하고서 의료진들이 다 나간 후에야 침대 옆으로 왔다. 내가 먼저 손을 내밀었다. 그는 내 손을 잡으며 "고생했어"라고 한마디 했다. 그걸로 족했다. 그대로 잠에 빠졌다.

십이지장 폐쇄 상태로 태어난 꿈별이는 엄마 품에서 초유 한 방울도 먹어보지 못하고 바로 집중치료실에 가서 수술을 위한 검사를 받았다. 하지만 아이와 떨어져 있는데도 그다지 슬프거나 마음이 가라앉지 않았다. 여러 고비를 다 넘기고 37주 6일까지 엄마 배에 꼭 붙어 무럭무럭 커준 꿈별이가 대견했다. 양수 과다증으로 앉아만 있어도 신물이 올라와 밥도 잘 먹지 못하고, 숨이 차서 누워서 잠을 잘 수도 없고, 서 있어도 다리가 저려 힘들게 임신 후기를 보낸 고위험군 임신부가 무사히 분만을 치른 게 자랑스러웠다.

여러 장기 기형과 염색체 이상을 갖고 있고 유산 위험도 있었으니 살 아이가 아닌 모양이라고, 보내주라고 말한 사람도 있었지만 난 이 아이가 나를 통해 세상에 나오고 싶어 한다는 게 느껴졌다. 꿈별이를 출산하면서 그 생각은

확신으로 바뀌었다. 막힌 십이지장과 구멍 난 심장, 하나 더 있는 염색체, 그 외에 여러 합병증을 안고도 3킬로그램 넘게 몸집을 키워 기어이 세상 빛을 본 꿈별이가 경이롭게 느껴졌다.

의료진에게 감사하는 마음도 컸다. 종합병원으로 옮겨 정밀 초음파와 양수 검사를 하고, 의사의 권유대로 유도 분만을 선택하길 잘했다는 생각이 들었다. 가정출산을 계획할 때만 해도 산전 검사가 지나치게 많다고 불만스럽게 여겼다. 병원이 돈벌이한다고 생각한 적도 있다. 그러나 장애와 여러 합병증을 가진 꿈별이가 찾아온 후 현대 의학에 감사하게 됐다. 정밀 초음파 기술이 없었다면 꿈별이의 장애를 미리 알아차리지 못했을 것이고, 고집대로 가정출산을 강행했다면 꿈별이는 살 수 없었을 것이다. 아이의 상태를 미리 알았기에 만반의 준비를 한 후 맞이할 수 있었고, 바로 필요한 의료 처치를 하고 지체 없이 수술도 할 수 있었으니 경과가 좋기를 바라기만 하면 됐다. 감사하고, 또 감사했다.

곧 꿈별이는 수술대에 올라 십이지장이 막힌 부분을 잘라내고 위와 소장을 연결하는 수술을 받았다. 신생아의 십이지장은 너무 작아서 수술하면서 소화 효소샘이 같이 잘려나갔을 수도 있기 때문에 당장 십이지장이 잘 연결된다 해도 살면서 소화에 문제가 생길 수 있다고 담당 의사가 설명했다. 갓 태어난 꿈별이의 배에 가로로 길게 칼자국이 생겼다.

꿈별이가 수술을 마치고 치료실로 돌아온 사이 나는 퇴원할 때가 되었다. 병원 복도 벽을 짚고 천천히 걸어서 아이를 만나러 갔다. 인큐베이터 속의 꿈별이는 온갖 의료기기와 호스와 주사 줄에 연결된 채 배를 다 드러내고 누워 있었다. 아이 입에 노리개 젖꼭지가 물려져 있고 그 위로 볼까지 가로질러 테이프가 붙여져 있었다. 본능적으로 젖을 빠는 행동을 하는데 아직 먹을 수가 없기 때문에 노리개 젖꼭지를 물려 놓았다고 했다.

본능은 참 신기하다. 링거 줄로 영양 공급을 받고 있는데도 꿈별이는 배가 고픈지 연신 젖꼭지를 쪽쪽 빨아댔다. 아이 입에 젖을 물리고 싶어 눈물이 핑 돌았다. 수술한 지 얼마 안 되어 감염 위험 때문에 아이를 안아볼 수도 없었다. 목구멍이 뜨거웠지만 짧은 면회 시간 안에 전할 이야기가 있었기에 얼른 목소리를 가다듬고 말했다.

"꿈별아, 엄마 왔어. 수술하느라 힘들었지? 배고프지? 꿈별이 다 나으면 엄마 쭈쭈 먹을 수 있어. 얼른 나아서 엄마랑 집에 가자. 오늘 엄마는 먼저 집에 갈 거지만 내일도 오고, 모레도 오고, 매일매일 꿈별이 보러 올 거야."

인큐베이터 상자에 대고 이야기를 하고 있는데 아이의 눈이 움찔움찔 움직였다. 꿈별이는 눈꺼풀을 들어올리려고 애를 썼다. 마침내 눈을 뜨고 나를 바라봤다. 수술 후 검사에서 청력에 문제가 있다고 했지만 엄마 목소리를 알아들은 것 같았다. 꿈별이의 까만 눈동자와 눈이 마주친 순간, 묵직한 감동이 몰려왔다. 태어나자마자 생사를 건 수술을 치르고, 인큐베이터 안에서 온갖 호스를 달고 있던 꿈별이가 반짝이는 까만 눈동자로 나를 바라봤다.

우리가 사는 이유는 이런 순간을 위해서가 아닐까. 온 힘을 다해 살려고 애를 쓰는, 살아 숨 쉬고 있는 존재와 서로 눈을 맞추는 것. 살아 있는 너와 내가 마주 보는 것. 그것보다 중요한 일이 세상에 있을까. 뭐라 설명하기 어렵지만 나는 앞으로 어떤 일이 닥쳐도 이 아이와 함께 살아내리라는, 크나큰 용기를 얻었다. 너와 눈이 마주치는 순간, 나는 너랑 살고 싶어졌다. 오래오래 행복하게 함께.

함께 시작된
삶

한겨울이었다. 집에서야 따뜻하게 난방을 하고 이불 속에 있으면 되지만 병원에 아이 면회를 가려면 찬 바람을 쐴 수밖에 없었다. 운전할 몸 상태가 아니라서 콜택시를 불렀다. 병원에 도착하면 신생아 집중치료실 앞에 양육자들이 초조한 얼굴로 줄을 서 있었다. 차례로 신발을 갈아 신고 손 소독을 하고 가운을 입고 마스크와 위생 모자를 쓴 다음 치료실 안으로 들어갔다. 면회 시간은 30분이었다. 일분일초가 아깝기에 종종걸음으로 저마다 자기 아기를 찾아 흩어졌다.

꿈별이는 수술 후에도 한동안 먹지를 못했다. 대부분 약에 취해 자는 모습만 보다가 돌아와야 했지만 나는 면회 시간 동안 잠시도 쉬지 않고 말을 걸고 노래를 불러주었다. 하루 중 겨우 30분 동안 엄마 목소리를 듣는 꿈별이가 안쓰러워서 아니, 꿈별이가 엄마를 모를까봐 내가 무서워서 계속 말을 걸었다. 엄마가 여기 있다고, 잊지 말고 얼른 회복해서 엄마랑 집에 가자고 말했다.

아이를 낳았는데 같이 있지 못하는 날이 계속되니 허전했다. 첫째의 마음을 살펴야 하니 대놓고 슬퍼할 수도 없었다. 남편과는 감정 교류가 전혀 없었다. 다운증후군 아이의 양육은 어떻게 하는지, 합병증 예후는 어떤지도 수시로 검색해보았다. 면회를 다니면서 들은 바로는, 꿈별이는 소화기가 약하게 태어났고, 심장에 여러 개의 구멍이 있어서 몸무게가 좀 늘면 수술을 해야 할 수도 있다고 했다. 청력에 이상이 있어서 정밀 검사를 정기적으로 받아야 하고, 잠복고환과 음낭수종이 있으며, 신장에도 음영이 보인다고 했다.

면회를 가보면, 어느 날은 목에 삽입돼 있던 호스가 빠졌고, 어느 날은 배의 수술 자국이 아물어 드디어 속싸개에 싸여 있기도 했다. 십이지장 수술이 잘되었는지 확인하기 위해 꿈별이는 거의 매일 엑스레이를 찍었다. 마침내 소장, 대장까지 가스가 내려가는 걸 확인한 뒤 물을 조금씩 먹기 시작했다. 그다음엔 분유를 물에 희석해서 먹여본다고 했다. 냉동 모유를 빨리 가져다주고 싶었지만, 피 검사 결과 수치가 좋아져야 모유를 먹을 수 있다고 했다. 이렇게 작은 아기가 그렇게 많은 검사를 받아야 한다니, 안쓰러웠다.

상상도 못했던 고통과 고단함이 장애아를 맞이하고 병원에 다니는 일상 곳곳에 스며들었지만, 그렇기에 이전에는 상상조차 못했던 세계를 보게 되었다. 무사히 막달까지 엄마 배 속에 있다가 태어나서 숨 쉰다는 게 얼마나 기적 같은 일인지, 모유든 분유든 잘 먹어주는 게 얼마나 고마운 일인지, 무탈하게 집에서 지지고 볶으며 아이를 키울 수 있는 게 얼마나 축복받은 일인지 알게 되었다. 비록 많은 합병증을 안고 태어났지만, 세상에 나와서 숨을 쉬고 눈을 뜨고 젖을 먹으며 온기를 품고 살아 있다는 그 사실 하나만으로 감사하고 또 감사해야 한다는 걸 꿈별이를 만나면서 배웠다. 아니, 그래야 해서가 아니라 저절로 감사하게 되었다.

　퇴원을 준비하라고 해서 잔뜩 기대했다가 갑자기 어떤 수치가 안 좋아져 퇴원이 미뤄지기도 했지만 그래도 꿈별이 몸에 붙어 있던 의료기기가 점점 줄었다. 마침내 심박수를 측정하는 줄만 남았을 때는 간호사가 아이를 인큐베이터에서 꺼내 품에 안겨주었다. 이제 젖병으로 수유를 해도 된다고 했다. 다섯 살 고래에 비하면 새털처럼 가벼운 꿈별이를 안고 너무 좋아서 마스크를 쓴 것도 잊은 채 볼을 비볐다.

　산후조리 시기의 산모가 수유 쿠션도 없이 간이 의자에 앉아 젖병으로 수유를 하려니 꽤 힘들었다. 그래도 하루에 한 번 유일하게 꿈별이를 품에 안을 수 있는 시간이기에 그만하고 가라는 간호사에게 아니라고, 괜찮다고 손사래를 치며 유축해온 모유를 먹였다. 꿈별이는 아직 호흡이 익숙치 않아 먹을 때는 숨을 잘 못 쉬었다. 먹이다가 심박측정기에서 경고음이 울리면 얼른 멈추고 안아서 트림시키며 숨을 잘 쉬는지 지켜봐야 했다. 어떤 때는 숨을 잘 못쉬어 입술이 파래지기도 했다. 아이를 안고 젖 먹는 모습을 지켜보는 건 행복하면서도 긴장되는 일이었다.

드디어 퇴원 날짜가 정해졌다. 먹을 때를 제외하곤 호흡이 제법 안정되었고 다른 검사 결과도 좋아져서 퇴원을 해도 된다고 주치의가 말했다. 퇴원 전에는 신생아 심폐소생술 교육을 받아야 했다. 신생아 크기의 모형에 대고 땀이 날 때까지 흉부 압박을 하고 숨이 찰 때까지 인공호흡을 연습했다. 응급 시에는 당황해서 기억이 안 날 수도 있기 때문에 몸에 익혀야 한다고 교육 담당자는 여러 차례 반복 훈련을 시켰다. 응급 시에 엄마의 발 빠른 조치로 목숨을 구한 아이들 사례를 여럿 들었기에 어깨가 무거웠다. 집에 와서 응급조치법을 냉장고에 붙여놓고 지나다닐 때마다 읽으며 숙지했다.

아이가 집에 오는 날, 아침부터 분주하게 움직였다. 휴가를 낸 남편은 물려받아 미리 빨아놓은 신생아용 카시트를 차에 장착했다. 나는 퇴원할 때 필요한 서류를 챙기고 담당 의사에게 물어야 할 질문 목록을 작성했다. 평소 면회 시간보다 일찍 가서 퇴원 교육을 들었다. 담당 간호사는 그간의 수유일지, 주의사항이 적힌 종이를 건네며 세세히 설명했다. 하나라도 빠뜨릴세라 정신을 집중하려고 애를 썼다.

　마침내 모든 수속이 끝난 후 그동안 아이를 돌봐준 의료진에게 깍듯이 인사를 하고 나왔다. 터줏대감처럼 일 년 넘게 집중치료실에 있는 아이, 각종 의료기기와 호스에 연결되어 있는 아이, 특수한 치료를 받고 있는 아이, 손바닥만큼 작은 아이들이 있는 치료실에서 꿈별이를 데리고 나오면서 마냥 기쁘지만은 않았다.

　신생아 집중치료실에서는 의학 드라마에서나 보던 급박한 상황이 자주 벌어졌다. 아이에게 연결된 기기에서 갑자기 경고음이 울려 의료진들이 달려가 조치를 취하거나, 아이가 끝내 이겨내지 못해 보호자가 오열하는 상황도 종종 마주쳤다. 검사 결과를 듣거나 퇴원이 미뤄졌다는 말을 듣던 보호자가 말없이 눈물을 흘리는 모습도 자주 볼 수 있었다. 나도 그중 한 명이었다.

　꿈별이는 회복이 빠른 편이었고, 다른 합병증은 외래로 검사와 치료를 받기로 했기에 3주 만에 퇴원할 수 있었다. 이곳에 있는 아이들 모두 곧 건강해져서 가족의 품으로, 각자의 집으로 갈 수 있기를 간절히 기도하며 꿈별이를 안고 나왔다.

　3킬로그램의 작은 사람 한 명이 늘었을 뿐인데 집 안 공기가 달라졌다. 그간 몸조리를 도와주시던 산후도우미는 평소보다 더 깨끗하게 아이가 머물 방을 청소하고 따뜻하게 난방을 해두고서 우리를 맞이해주셨다. 고양이들은 조심스레 다가와 킁킁 꿈별이 머리 냄새를 맡았다. 삑삑 하는 의료기기 소리, 눈부신 형광등, 딱딱한 인큐베이터 대신 조용하고 따뜻하고 푹신하고 아늑한 집에 드디어 꿈별이가 왔다. 꿈별이는 초점 없는 눈을 몇 번 깜빡이더니 이내 잠이 들었다.

어린이집에서 돌아온 고래는 손을 깨끗이 씻고 긴장된 얼굴로 꿈별이 곁에 다가갔다. 그동안 면회 가서 찍어온 사진을 보여줬지만 실제로 만나는 건 처음이었다. 둘째를 맞는 첫째의 마음에 대해 익히 들어 걱정이 되기도 했지만 고래는 금세 손을 뻗어 꿈별이 뺨을 어루만졌다.

"엄마, 꿈별이가 왜 이렇게 귀엽지?"

고래는 신기한 듯 자고 있는 동생의 얼굴을 하염없이 들여다보았다. 드디어 네 식구가 다 모였다. 하하호호 화목한 상태는 아니었지만, 그래도 갓난아이가 오니 집이 꽉 찬 느낌이 났다. 신생아의 존재감은 집 안 전체의 분위기를 바꿨다. 앞으로 헤쳐나가야 할 일이 태산같이 쌓여 있지만 오늘만큼은 꿈별이가 집에 온 기쁨을 만끽하기로 했다. 꿈별아, 우리 집에 온 걸 환영해. 우리 가족에게 와줘서 고마워!

2
—
장애아 가족으로
살아가기

꿈별이는 나에게 "진짜?"라고 묻는 존재다. 난 장애아라도
낳아서 똑같이 사랑으로 키울 거야. 진짜? 난 세상의 편견에
맞설 수 있어. 진짜? 난 내 안의 편견을 없앨 거야. 진짜?
난 장애아를 씩씩하게 키울 수 있어. 진짜? 꿈별이는 끊임없이
나의 진정성을 시험한다. '진짜 가족'이란, '진짜 사랑'이란
무엇인가 질문한다. 나에게 '진짜 엄마'가 되어줄 수 있겠냐고
맑은 눈으로 묻는다. 아이 앞에서 나는 조금도 잘난 체를 할 수 없다.

이 악물고
버티는 일상

　초보 둘째 엄마의 일상이 시작됐다. 신생아 집중치료실에서 의료기기들에 연결된 채 혼자 자 버릇한 꿈별이는 재워주지 않아도 눕혀 놓으면 알아서 잠들었다. 38개월째야 통잠을 잔 고래와 너무 달라서 놀랐고, 좋았다가 슬퍼졌다. 재워주지 않아도 자는 건 분명 고마운 일인데, 그 이유가 인큐베이터 안에서 혼자 자는 데 익숙해졌기 때문이라는 게 마음이 아팠다. 그 덕에 수유 시간 외에는 갑자기 동생과 엄마 사랑을 나눠야 하는 첫째에게 더 집중할 수 있었다.

동생과 네 살 터울인 고래는 제법 말이 통했고 상황 파악도 잘하는 것 같았다. 동생을 미워하거나 질투하는 모습은 거의 보이지 않았다. 다만 내가 꿈별이를 안고 수유하고 있으면 혼자 놀다가 한번씩 안방에 들어와서 물끄러미 그 모습을 지켜보다 나가곤 했다. 뭐라 말로 옮기기 어려운, 복합적인 감정이 한데 섞여 있는 표정이었다. 다섯 살 고래가 여태 한 번도 느껴보지 못했을 감정이었으리라. 그 감정이 무엇인지 자신도 설명할 수가 없기에 고래는 싫다고, 밉다고, 표현도 할 수 없었는지 모른다.

고위험군 임신부로 꿈별이 임신 기간 대부분을 누워서 지냈기에 고래는 아빠랑 노는 데 더 익숙해져 있었다. 꿈별이가 태어난 후에도 주말이면 아빠랑 둘이 공원으로, 키즈카페로 나들이를 다니는 고래는 즐거워 보였다. 아직 꿈별이를 받아들이기가 힘든 남편은 고래에게 더욱 정성을 쏟았다. 그래서 동생을 맞은 고래의 상실감이 덜했는지도 모르겠다. 동생이 가져온 거라면서, 예쁘게 꾸며 선물한 자전거도 좋아했다. 주말에는 이틀 내내 아빠랑 신나게 놀았고, 평일에는 수유하는 시간을 제외하곤 내가 고래에게 집중했기 때문에 초기 적응은 제법 성공적이었다.

그런데, 사흘이 멀다 하고 종합병원에 꿈별이를 데리고 다니면서 고래 하원 시간을 못 맞춰 늦게까지 어린이집에 남아 있는 날이 늘기 시작했다. 소화기 기형으로 태어났기 때문인지 수시로 응가를 지리는 꿈별이를 씻기느라 손목이 망가지면서 내 인내심도 조금씩 무너졌다. 저녁에 놀아 달라는 고래에게 "엄마는 너랑 놀아주는 사람이 아니야!" 라며 화를 냈다. 안방에서 수유할 때 고래가 들어오면 나가서 혼자 놀고 있으라고 소리를 질렀다. 고래는 아빠가 퇴근하기만을 목 빠지게 기다렸다. 아빠랑 둘이 놀러 나갈 수 있는 주말이 언제 돌아오는지 날짜를 셌다.

나와 사이가 틀어지고, 원치 않던 장애아의 아빠가 되어 힘들어하던 남편도 주말 이틀 내내 혼자 고래를 보는 일상에 지쳐가기 시작했던 것 같다. 저녁에 집으로 돌아와 아이를 씻길 때면 언성을 높이고 윽박지를 때가 많아졌다. 그가 야근하는 날엔 나도 고래에게 화풀이를 하면서, 남편이 고래에게 소리 지르는 건 참을 수가 없었다. 그래서 육아서에서 절대 하지 말아야 한다고 손꼽는, 아이 앞에서 남편의 훈육을 방해하고 끼어드는 행동을 반복해서 했다. 왜 애한테 소리를 지르냐고, 애니까 말을 안 들을 수도 있지 왜 감정을 주체 못하고 화내냐고 남편에게 퍼부었다. 그가 해외 근무를 하는 2년 동안 혼자 고래를 키웠기에 '그동안 내가 얼마나 애지중지 키웠는데 겨우 주말 이틀 봐놓고 애한테 소리를 질러!' 하며 괘씸한 마음이 들었다.

몇 달째 서로에게 칼날 같은 말을 주고받으며 싸우고, 장애아의 부모가 되는 일생일대의 사건을 겪으며 고도의 스트레스 상태였던 남편과 나는 다섯 살 고래를 감정의 쓰레기통으로 삼고 있었다. 머리로는 이러면 안 된다는 걸 알면서도 제어가 안 됐다. 혹시 이상행동을 하진 않을까 염려되어 어린이집 선생님께 상담을 요청해 아이가 달라진 게 없는지 물었더니, 동생이 생겼다는 걸 잊을 만큼 평소와 다름없이 잘 지내고 있다고 하셨다. 그게 더 짠했다. 분명 혼란스럽고, 두렵고, 속상하고, 억울하고, 슬펐을 텐데 그걸 어디서도 편하게 내색 못하고 있다니. 차라리 울고불고 동생 밉다고 때리는 게 더 낫겠다는 생각마저 들었다.

내 의지로 감정을 제어할 수 있는 상태가 아님을 알아차리고 둘째의 병원 진료가 조금 뜸해졌을 때 주변을 수소문해서 상담 선생님을 소개받았다. 이제 막 두 아이의 엄마가 되었고 몸도 성치 않아 어딜 나가거나 누구를 만나기도 쉽지 않았고, 남편과는 꼭 필요한 용건이 아니면 전혀 대화를 나누지 않고 있었기에 마음을 터놓을 사람이 절실했다. 장애아를 낳아서 사랑으로 키울 거라고 큰소리 쳤는데 막상 병원을 다니는 것도, 다시 신생아 육아를 하는 것도, 다섯 살 첫째를 전처럼 보살피지 못하는 것도, 몸에 힘이 하나도 없는 채로 늘어져서 잠만 자는 꿈별이를 보는 것도, 다 너무 힘에 겨웠다. 내가 감당할 수 없는 일을 호기롭게 하겠다고 했던 건가, 자책이 몰려왔다. 깜냥도 안 되는 게 왜 애를 둘씩이나 낳아서 아무 잘못 없는 애들을 힘들게 하는 걸까, 스스로를 비난했다.

첫째를 함께 키운 친구들과의 일상적인 대화도 다 고깝게 들렸다. 너네는 매일 종합병원에 다니는 것도 아닌데 뭐가 그렇게 힘드니, 애가 장애를 갖고 있는 것도 아닌데 뭐가 그렇게 어렵니, 이런 마음의 소리가 불쑥불쑥 올라와서 사소한 수다조차 힘겨워졌다. 그래도 한때 죽마고우보다 소중하고 가족보다 가깝게 마음을 나누었던 친구들인데 내가 지금 불행을 겪고 있다는 이유로 상처주고 싶지는 않았다. 그래서 모든 관계를 다 끊었다. 단체 채팅방에서 나오고 모든 만남을 차단했다.

꿈별이는 임신, 출산, 신생아 시기 육아까지 무엇 하나 첫째와 같은 게 없었다. 다운증후군 아이는 어떻게 양육하는지 처음부터 새로 공부해야 했다. 다운복지관에 가서 상담을 받고 책자를 받아와서 읽었다. 수유를 하면서 스마트폰으로 다운증후군 건강과 관련된 정보를 읽고 또 읽었다. 아이는 많은 합병증을 갖고 있었기에 알아야 하는 정보의 양도 어마어마했다. 병원에 갈 때마다 새로운 검사를 하고, 앞으로 치료를 어떻게 할지 의료진의 설명을 들으며 중요한 결정을 내려야 할 때도 많았다. 부족한 정보로 잘못된 결정을 내려서 아이에게 해를 끼치면 어떡하지, 매일 불안했다. 병원을 오가고, 치료 이후에 아이를 달래고 다시 일상에 적응시키는 과정이 물리적으로 힘들기도 했지만, 그 모든 과정을 혼자서 책임져야 하는 정신적인 피로가 더 컸다.

그래도 엄마가 해주면 좋다고 하는 것들은 그게 뭐든 다 했다. 건강한 아이가 어쩌다 감기에만 걸려도 죄책감을 갖는 게 엄마인데, 다 읊기도 힘들 만큼 많은 합병증을 가진 꿈별이를 키우려니 자책하지 않는 순간을 찾기가 어려울 정도였다. 이제야 첫째 키우는 게 손에 익었는데 완전히 다른 존재를 완전히 다른 방식으로 키워야 하다니, 매일 울면서 이를 악물었다. 하도 세게 이를 물어 턱이 얼얼해질 때까지 악물고 하루하루 버텼다.

내 안의
편견을 만나다

꿈별이가 생후 70일쯤 되었을 때 기침이 심상치 않아 가까운 병원을 찾았다. 감기 걸린 고래가 동생 앞에서 기침을 해대더니 옮은 듯했다. 백일도 되지 않은 아기가 미열이 오르고 기침을 하자 덜컥 겁이 났다. 비 오는 날 아이를 담요에 싸안고 병원으로 달려갔다. 다행히 호흡기도 괜찮고 단순 감기 같으니 기침약을 며칠 먹이라는 처방을 받았다.

진료를 받고 나오는 길에 복도에서, 한 여성이 긴 대기 시간에 지쳐 화를 내는 모습을 목격했다. "아아악!" 사람

의 소리가 맞을까, 귀를 의심할 정도의 비명에 이어 와장
창 무언가 떨어지고 깨지는 소리가 났다. 병원 복도에 있
던 화분이 깨져 흙과 함께 나뒹굴었다. 퍽퍽. 둔탁한 소리
가 나는 곳으로 눈을 돌리자 덩치 큰 여성이 자신의 머리
와 얼굴을 사정없이 때리고 있었다. 지역 복지관에서 검진
차 병원을 방문한 장애인들 중 한 명이었는데, 자세히 보
니 다운증후군이 있는 성인 여성이었다. 그가 다운증후군
이라는 사실을 확인한 순간 갑자기 심장이 빨리 뛰었다.
서둘러 진료비를 내고 처방전을 가방에 구겨 넣은 뒤, 인
사도 잊은 채 병원 문을 나섰다. 차로 돌아와서 꿈별이를
카시트에 눕히자, 이 아기가 어른이 되어 저런 모습일 수
도 있겠다는 생각에 눈물이 쏟아졌다.

　인솔해온 사회복지사는 그를 진정시키려고 애쓰면서,
도와주러 온 간호사와 대기실에 있던 다른 사람들에게 연
신 사과를 했다. 병원 관계자들은 익숙하다는 듯 괘념치
말라며 깨진 화분의 잔해를 치웠다. 그 와중에도 그는 소
리를 지르며 온몸으로 불쾌함을 표현하고 있었다. 성인이
되어도 공공장소에서 가만히 차례를 기다리는 것조차 어
렵다는 걸 직접 눈으로 확인하자 두려움이 몰려왔다. 지

금은 작고 귀여운 아기이지만 몸집이 다 커서도 사회화가
되지 않고 아이처럼 굴 수도 있다는 사실이 처음으로 피
부에 와 닿았다. 각오했다고 생각했는데 아니었다. 내 아
이가 평생 도움이 필요한 사람으로 살아갈 거라는 사실이
슬프고 아팠다.

갓 태어났을 때는 양수에 불어서, 수술 후 인큐베이터
안에 있을 때는 각종 의료기기와 호스에 가려져서 꿈별이
의 얼굴을 제대로 볼 수 없었다. 생후 3주 만에 퇴원해 곁
에서 24시간 돌보게 되면서 비로소 다운증후군의 특징이
눈에 들어왔다. 눈 밑에 사선으로 주름이 있고 눈꼬리가
올라가 있었다. 눈을 치켜뜰 때 비장애인인 첫째에게선 찾
아볼 수 없던 원숭이 같은 표정이 나오기도 했다.

두 달쯤 지나자 이맘때 첫째는 조금씩 목을 가누기 시
작했던 기억이 떠올랐다. 보통 아이들은 빠르면 두 달, 늦
으면 네 달 안에 목을 가누지만 다운증후군 아이는 6개월
이상 걸리기도 한단다. 두 달이 훌쩍 넘도록 꿈별이는 목
에 전혀 힘을 주지 않았다. 몸무게는 월령에 맞게 늘고 있
지만 팔다리에 영 힘이 없었다. 근력이 떨어지는 게 다운
증후군의 특징이라는 걸 책에서 보고 알았지만 축 처지는

아이를 안으며 직접 그 사실을 확인하는 건 절망적이었다.
속싸개를 풀어놓으니 제 딴에는 기지개를 편다고 팔을 머
리 위로 쭉 뻗는데 많이 짧았다. 아기라서 짧은 건지 다운
증후군 아이라서 더 짧은 건지 분간이 안 되지만, 한번 짧
다고 인식하고 나자 그 생김새가 좋아 보이지 않았다.

다운증후군 아이들 중에는 태내 검사에서 정상 판정을
받았다가 출생 후에 갑자기 장애가 확인되는 경우도 적지
않다. 그런 경우 부모들은 충격에 빠져 갓난아이를 예뻐하
기까지 오랜 시간이 걸리기도 한다고 들었다. 나는 임신
중에 아이의 상태를 일찍 알아서 그나마 받아들이기 수월
하다고 생각했다. 처음부터 꿈별이가 예뻤고 큰 수술을 이
겨낸 게 기특하고 대견했다. 자신이 없다는 남편에게 아이
를 있는 그대로 사랑해주자고 강요하기도 했다. 장애를 알
고도 낳아서 키우는 용감한 엄마이고 싶었다. 난 나를 과
대평가했다. 나 역시 아이의 장애 앞에 무너지고 마는 평
범한 엄마였다.

처음 둘째의 성별을 알게 되었을 때 나는 운동을 잘하
고 친구가 많은 '훈남' 아들을 꿈꿨다. 나와 남편의 유전자
조합이니 아이돌처럼 멋진 외모가 나올 리는 없지만, 나

름 매력 있고 웃는 모습이 멋진 아들이길 바랐다. 연애할 때도 구체적으로 이상형을 그려본 적이 없지만 미래의 아들에 대해서는 '이런 남자아이면 좋겠다'고 다양한 상상을 했다. 이제는 길 가다 훈훈하게 생긴 비장애 10대 남자아이를 보면 마음이 아프다. 꿈별이가 저런 모습으로 크지 못할 것 같기 때문이다.

꿈별이를 낳기 전까지 나는 외모에 관심이 없는 사람인 줄 알았다. 첫째 고래를 낳은 후로 화장은커녕 로션조차 바르지 않았다. 사실 아이를 낳기 전에도 늘 화장기 없는 맨 얼굴, 트레이닝복에 운동화 차림이었다. 타인의 옷차림이나 외모에도 별다른 관심을 두지 않았다. 그런데 다운증후군을 가진 아이를 낳고 보니 장기 기형이나 발달 지연보다 더 신경이 쓰이는 게 외모였다. 꿈별이 사진을 SNS에 올릴 때면 다운증후군의 특징이 가장 덜 드러난 사진을 고르게 된다. 감추고 싶어서라기보다는 비장애인 아기처럼 나온 사진이 제일 예뻐 보여서다. 그 즈음 친구의 아이가 태어났다. 비장애아인 데다 예뻤다. 아이의 외모를 부모의 자산처럼 생각하는 스스로가 부끄러우면서도, 부러웠다.

꿈별이를 보고 "머리 좋게 생겼다, 운동을 잘할 것 같다"고 하시는 아버지에게 다운증후군의 특징이 낮은 지능과 발달 지연인데 어떻게 머리가 좋고 운동을 잘하겠냐고 쏘아붙였다. 부모님이 손주에게 헛된 희망을 품는 게 속상했다. 알고 보니 소수긴 하지만 다운증후군을 가진 사람 중에도 대학에 진학하고 골프 선수가 되어 대회에 출전하는 사람도 있다. 사업가로 성공하기도, 모델이 되어 런웨이에 서기도 한다. 뭘 모르는 건 나였다. 현실에 눈 감은 채 다운증후군인 내 아이는 공부도 운동도 못할 거라고 누구보다 먼저 내가 선을 그어버렸던 것이다. 아이의 가능성을 믿어주어야 할 엄마가, 비장애인인 고래에 대해서는 수만 가지 가능성을 상상하면서 꿈별이에게는 무엇 하나 열어놓지 않았다.

아이뿐 아니라 내 스스로의 미래도 닫고 있었다. 아이의 장애를 알기 전까지는 둘째를 세 돌쯤 키우고 나면 공부를 다시 하고 일도 할 계획이었다. 그런데 배 속의 아이가 다운증후군이라는 걸 안 뒤, 평생 일도 하지 않고 아이의 뒤치다꺼리를 하겠다고 각오했다. 임신 막달에 부부 상담에서 비장하게 이런 각오를 이야기하자 상담사가 말했다.

"아이의 장애와 엄마의 일이 무슨 상관이지요? 일하면서 장애아를 돌보는 부모도 얼마나 많은데요."

그제야 내 편협한 시각을 깨달았다. 다운증후군의 증상과 장애 정도는 사람마다 다르다. 어릴 때부터 기관에 다니며 또래와 어울릴 수도 있다. 성인이 된 후에 자립해서 혼자 살며 경제활동을 하는 경우도 있는데 나는 아이는 물론 내 앞날까지 걸어 잠그려고 했다.

3월 21일, 세계 다운증후군의 날*에 다운증후군 부모 모임Wouldn't Change A Thing이 유튜브에 올린 영상을 보면서 매 장면마다 편견이 깨부숴졌다. 퀸의 노래 'Don't Stop Me Now'에 맞춰 화장을 하고, 당구를 치고, 농구를 하고, 실내 암벽 등반을 하고, 드럼을 연주하는 다운증후군 아이들의 모습이 담겨 있었다. 내가 해본 적 없거나 못하는 일들도 많았다. 사람마다 재능과 취향이 다르듯 다운증후군 아이들도 저마다 관심사에 따라 인생을 즐기고 있었다. 후렴구에서 그들은 "Don't Stop Me Now!"라고 립싱크를 했다. 4분간의 영상은 '그들을 막을 수 없으며 막아서도 안 된

---

* 다운증후군이 21번 염색체가 3개인 데 착안해 3월 21일로 정했다.

다'고 말하고 있었다.

가장 인상적이었던 건 다운증후군 커플의 프러포즈 장면이었다. 다른 엄마들이 미래 아이의 연애나 결혼에 대해 농담할 때, 꿈별이와는 관계없는 일이라고 생각했다. 장애인을 무성화하는 게 나쁘다고 머리로 알고 있었지만, 장애를 가진 내 아이의 앞날에는 연애와 결혼이 당연히 없을 거라고 단정했다. 내 안의 편견은 예측하기 어려울 만큼 많았고 비논리적이며 뒤죽박죽이었다.

꿈별이는 나에게 "진짜?"라고 묻는 존재다. 난 장애아라도 낳아서 똑같이 사랑으로 키울 거야. 진짜? 난 세상의 편견에 맞설 수 있어. 진짜? 난 내 안의 편견을 없앨 거야. 진짜? 난 장애아를 씩씩하게 키울 수 있어. 진짜? 꿈별이는 끊임없이 나의 진정성을 시험한다. '진짜 가족'이란, '진짜 사랑'이란 무엇인가 질문한다. 나에게 '진짜 엄마'가 되어줄 수 있겠냐고 맑은 눈으로 묻는다. 아이 앞에서 나는 조금도 잘난 체를 할 수 없다. 발가벗겨진 기분이다. 한 치의 꾸밈도 거짓도 없이 진심으로 살라고, 목도 못 가누는 꿈별이가 엄마를 가르친다.

빠른 아이와 느린 아이
함께 키우기

꿈별이는 8개월부터 재활치료를 받기 시작했다. 일찍부터 비싼 사설 센터에 데리고 다니는 엄마들도 많지만 난 그럴 기력도, 재력도 없었다. 꿈별이는 2019년생 다운증후군 친구들 중에서도 유독 느렸다. 영유아 검진에서 지역 복지관 주치의를 하며 발달장애인을 많이 진료해본 의사가 다운증후군 아이들 중에서도 더 힘이 없는 편이라고 말하자 그제야 덜컥 겁이 났다. 내가 너무 아이를 방치했구나, 내 몸 힘들다고 아이의 치료를 서두르지 않았던 걸 후회했다. 의료진들은 엄마가 운동을 더 시켜야 한다고,

엄마가 자세를 안 잡아줬다고, 너무도 쉽게 나를 나무랐다. 병원에 갈 때마다 죄책감이 커졌다.

첫째 육아에 자신감과 자부심이 있었기에 둘째도 같은 방식으로 키우면 된다고 생각했었다. 아이가 혼자 잘 놀 때는 구태여 자극을 주거나 놀이를 이끌지 않았다. 옆에서 미리 자극을 주기보다 아이 고유의 속도대로 발달할 수 있도록 기다려주고 싶었다. 다운증후군을 가진 아이는 끊임없이 자극을 줘야 한다, 움직여줘야 한다, 소리를 많이 들려주고 시각 자극도 많이 줘야 한다고 선배 엄마들이 조언했지만 흘려들었다. 첫째를 키울 때도 주변에서 좋다는 육아용품, 나들이 장소 등을 추천받았지만 흔들리지 않았기에 이번에도 내가 옳다고 믿는 대로 아이를 키우면 된다고 생각했다. 영유아검진과 재활의학과에서 아이 근력이 약하다고 했을 때도 치료가 너무 늦었을까 걱정했을 뿐, 아이를 돌보는 내 방식에 문제가 있을 거라고는 생각하지 않았다.

그렇게 8개월을 키웠는데 물리치료사가 아이의 움직임을 이리저리 살펴보더니 "집에서 아이를 혼자 누워서 놀게 하나요? 그러면 절대로 안 돼요"라고 단호하게 이야기했다. 마땅히 해야 하는 동작들을 둘째가 얼마나 못하는지 하나하나 시범을 보이며 설명했다.

"수천 수만 번 뒤집고 또 뒤집어야 근육이 발달하고 힘이 생깁니다. 그래야 배밀이를 할 수 있고 길 수 있어요. 그래야 또 근력이 생겨서 앉을 수 있고, 새로운 것에 호기심을 느끼며 잡으려고 움직여야 신체가 단련돼서 설 수 있어요. 다운증후군 아기들은 호기심도 떨어지고 근력도 약해서 가만히 내버려두면 아무것도 하려고 하지 않아요. 엄마가 아이 몸을 움직여 그 횟수를 채워줘야 다음 발달 단계로 넘어갈 수가 있어요."

망치로 한 대 얻어맞은 느낌이었다. 납득이 가는 설명이었다. 보통 아이들은 누가 시키지 않아도 고개를 들고 무언가를 보면 만지고 싶어 하고 입으로 탐색하기 위해 빨곤 한다. 기저귀를 갈기 힘들 정도로 몸을 움직이고, 잠시도 가만히 있지 않아서 엄마가 진이 빠지기 일쑤다. 그렇게 수천 수만 번을 움직이며 근육을 키워서 하나씩 발달 단계를 성취해간다. 내 아이는 순한 게 아니라 자신의 의지로 움직여서 발달해갈 힘이 없는, 장애를 가진 아이였다. 나는 첫째 때의 육아관에 매몰되어 귀를 닫고 눈을 감고 스스로 잘하고 있다고 착각하고 있었다. 부끄러웠다. 후회되고 아이에게 미안했다. 이상적인 육아상을 정해두고 아이의 특성과 상관없이 거기에 맞추려고만 애썼다. 엄마로서 최악이라는 생각마저 들었다.

고래는 말이 빨랐다. 돌 즈음에 이미 엄마, 아빠, 맘마, 쭈쭈, 물, 냥냥(고양이) 등의 단어를 말했고 18개월 즈음에는 매일 새로운 단어 여러 개를 입 밖으로 꺼내서, 그것도 아주 정확하게 구사해서 감탄만 하다가 하루가 갔다. 마침내 두 돌이 되자 못 하는 말이 없어졌고, 나와 말싸움을 하기 시작했다. 고래는 배 속에서부터 우량아였다. 늘 친구들보다 머리 하나만큼 커서 또래보다 한두 살 많게 보였고, 인지 발달도 빨랐다. 어린이집 선생님은 한 살 위 아이들이 보이는 행동을 고래가 지금 하는 거라고 말씀하실 때가 많았다. 거짓말도 또래보다 먼저 시작했고, 친구들 지적질도 또래보다 빨랐다.

고래를 키울 때는 초보 엄마라 육아서를 열심히 읽고 강의도 부지런히 쫓아다녔지만, 늘 아이의 발달보다 반보 뒤처진 느낌이었다. 먼저 준비된 상태에서 겪은 일보다 아이가 어떤 발달을 보여서 부랴부랴 이게 뭔지 찾아본 일이 더 많았다. 그래서 당황스러운 한편, 고래가 빠른 게 자랑거리이기도 했다. 생일 늦은 친구들이 어떤 발달을 보일 때마다 나는 몇 달 먼저 겪어봤다고 신나게 아는 척을 했다. 고래의 빠른 발달이 마치 내 노력의 성과이기라도 한 듯 의기양양했다.

꿈별이 상태에 대해 자세히 말해준 적이 없지만 눈치 빠른 고래는 어렴풋이 알고 있다. "어린이집에 꿈별이 친구들은 걸어서 산에 가는데 꿈별이는 느려서 못하는 거지?"라든가 "꿈별이는 대체 언제 말하는 거야? 꿈별이 친구는 말도 잘하는데? 일곱 살 되면 말할까?"라는 말을 해 맑은 얼굴로 건넨다. 그러면서도 꿈별이의 작은 성취를 축하하고 있으면 얄밉게 질투한다. 돌 지나서 겨우 배밀이를, 두 돌을 넘긴 후에야 네발 기기 자세를 조금씩 연습하는 꿈별이를 보며 내가 폭풍 칭찬과 물개 박수를 보내고 있으면 슬쩍 와서 "나보다 하나도 못 하는데 뭐가 잘한다는 거야"라고 볼멘소리를 한다.

꿈별이를 낳고야 뼈저리게 느꼈다. 꿈별이의 장애가 내 탓이 아니듯, 고래의 빠른 발달과 영리함도 내 덕이 아니라는 것을. 꿈별이가 아무리 재활치료를 받아도 또래보다 느리게 자라는 것처럼 고래가 크는 속도도 내가 마음대로 좌지우지할 수 없는 일이다. 학교 가기 전까지 한글을 안 가르칠 생각이었지만 고래는 어린이집에서 이름표를 보고 자기 이름과 친구들 이름에 들어간 글자를 그림처럼 외워 버렸다. 시키지도 않았는데 장난감 상자나 달력을 앞에 놓고 스케치북을 펼쳐 똑같이 따라서 그린다. 이제는 자기 이름을 쓸 때 나름 멋도 부린다. 내가 막는다고 막을 수 있는 게 아닌 것처럼, 반대로 가르친다고 따라온다는 보장도 없으리라는 생각이 들었다.

꿈별이가 준 큰 배움은 '생명은 있는 그대로 소중하다'는 진리다. 꿈별이가 나에게 온 이유는 그 진리를 고래에게도 똑같이 적용하라고 알려주기 위해서인지도 모른다. 예쁘고 영리한 고래가 똑똑하고 훌륭한 사람이 되길 기대하고 강요하다가 실망하고 상처주고 비난하지 말라고, 비장애인인 고래 누나 역시 살아 숨 쉬는 것만으로 자식 도리는 다하고 있으니 그저 사랑만 주라고 꿈별이가 나에게 알려줬다.

앞으로 고래가 꿈별이의 장애에 대해 자세히 알게 되는 날, 꿈별이로 인해 학교에서 안 좋은 소리를 듣게 되는 날, 그래서 꿈별이가 장애인인 게 싫다고 울게 되는 날, 엄마는 왜 꿈별이를 저렇게 낳았냐고 원망하는 날이 올지도 모르지만, 고래나 꿈별이가 있는 그대로 소중한 존재라는 그 사실 하나만은 잊지 말고 빠른 아이와 느린 아이를 함께 잘 키워야겠다고 다짐한다.

초보 장애아 엄마의
하루

새벽에 일어나 수유하고 트림을 시킨 후 꿈별이를 눕혀 놓고 고래 아침을 차렸다. 알레르기가 있는 고래가 어린이집에서 먹을 도시락 반찬을 싸고, 고래가 아침을 먹는 동안 옆에서 꿈별이 이유식을 줬다. 어린이집 차량에 태워 고래를 등원시킨 뒤 바로 꿈별이를 데리고 종합병원 재활치료실로 향했다. 작업치료, 물리치료, 전기치료를 받은 후 곯아떨어진 꿈별이를 카시트에서 재우면서 다른 병원으로 이동했다.

정기 피 검사를 위해 채혈실을 찾았다. 영양 불균형이

오기 쉽고, 호르몬 이상과 백혈병 위험 때문에 3개월마다 피 검사를 해야 한다. 두부처럼 뽀얀 팔에 혈관이 잘 보이지 않아 채혈할 때마다 애를 먹는다. 양쪽 팔을 다 찌르고 점상출혈 반점이 생길 때까지 씨름하다 결국 세 번째 간호사가 꿈별이 발등에서 피를 뽑았다. 이번에는 검사가 많아서 5통이나 채혈을 했다. 이렇게 작은 아기에게서 이렇게 자주 많은 피를 뽑아도 되는 건지 이해할 수가 없다. 발버둥치는 아이를 내 몸으로 누른 채 아이의 혈관이 터지는 걸 눈앞에서 지켜보며 심장이 찢기는 고통을 느낀다. 여러 번째이지만 통 익숙해지질 않는다.

채혈실에서 나와 서럽게 우는 꿈별이를 달래며 푸드코트로 가서 죽을 시켜 점심을 먹이고는 소아영상의학과로 가서 엑스레이를 찍었다. 계측실에서 키, 몸무게, 머리 둘레를 재고 진료실 앞 복도로 가서 대기했다. 종합병원 어린이병동에는 항상 사람이 많아서 예약 시간이 한 시간 정도 지난 후에야 진료실에 들어갔다. 진료를 본 후 소아유전학과 의사는 사시와 안구진탕이 심해 수술이 필요하다며 안과에 협진을 넣어주겠다고 했다. 소아비뇨기과에서도 잠복고환 수술을 해야 하니 날짜를 잡으라고 한다.

수술 코디네이터와 상담을 하고 정신없이 차를 달려 언어 치료실에 도착했다. 꿈별이가 치료를 받는 동안 카페에서 한숨 돌리며 당을 충전했다. 치료가 늦어져서 첫째의 하원 셔틀버스 시간을 놓쳤기 때문에 어린이집으로 직접 데리러 가야 한다.

매일은 아니지만 꽤 자주 이처럼 숨 가쁜 일과를 보낸다. 하루 서너 시간은 운전하며 보내기 일쑤다. 복지관과 병원, 발달센터와 어린이집을 오가는 날이 셀 수 없이 많은 게 비장애 아이와 장애아를 같이 키우는 엄마의 일상이다. 여기에 고래의 소아과와 치과 진료, 그리고 꿈별이의 정밀 검사, 수술 같은 이벤트가 수시로 추가된다. 회사는 사원의 가정이 어떻게 돌아가는지 따위 고려하지 않고 해외로 발령을 낸다. 꿈별이가 9개월일 때 남편이 다시 해외 근무를 떠난 후로는, 모든 바깥 일정을 마친 뒤 집에 돌아와 저녁을 차려 두 아이를 먹이고 씻기고, 수유하고 재우는 모든 일이 오롯이 내 몫이다. 무엇 하나 포기할 수 없는 일인 데다 누구도 대신 해주지 않기에, 아무리 힘들고 벅차고 피곤해도 혼자서 다 해낼 수밖에 없다.

태어나자마자 막혀 있는 십이지장을 잘라내는 큰 수술

을 받은 꿈별이는 두 살 때 사시 수술, 세 살 때는 잠복고환 수술을 받았다. 다운증후군 아이들 중에도 별다른 합병증 없이 건강한 아이들도 있지만 꿈별이는 많을 때는 종합병원 10개 과에 외래 진료를 봐야 했다. 달력이 진료와 검사와 치료 스케줄로 빼곡했다. 첫째 고래는 다섯 살이 되도록 해열제 한 번 먹은 적이 없다. 고래를 키우면서 같이 육아하는 친구들과 서로의 아이를 걱정해주던 병명은 기껏해야 감기, 장염, 수족구, 다래끼 같은 것들이었다. 다운증후군은 염색체 이상 때문에 여러 합병증을 동반한다고 인터넷 백과사전에서 읽었지만 이렇게까지 병원을 드나들어야 할 줄은 상상조차 못했다.

병원에 갈 때마다 아픈 아이들을 마주치는 것 또한 익숙해지기 힘들었다. 유아차를 타기엔 몸이 너무 크고, 똑바로 앉을 수 없어 일반 휠체어를 타지도 못하는 아이들은 뒤로 젖혀지는 맞춤형 휠체어에 앉아 진료를 기다렸다. 초등학생 몸집인데도 아직 걷지 못해 재활치료를 받으며 우는 아이들을 만났다. 몸은 다 커서 십대쯤으로 보이지만 발음은 어눌한 아이들이 익숙한 듯 마주치는 의료진, 직원들과 반갑게 인사를 나누는 광경도 보았다. 내 아이들과 비슷한 또래의 아이가 핏기 없는 얼굴과 머리카락이 다 빠진 상태로 가쁜 숨을 몰아쉬는 모습도 자주 마주쳤다. 건강한 첫째를 키울 때는 보지 못했던, 볼 생각조차 안 했던 현실이다.

내 아이보다 중증장애를 가진 아이를 보며 위안 받을 때마다 자기혐오에 시달렸다. 다른 사람보다 더 나은 조건을 가져서 감사하는 게 아니라, 아이의 존재 자체에 감사하자고 매일같이 마음을 다잡았다. 검사 결과가 좋아서 기뻐하고 나빠서 실망하는 게 아니라, 어느 상황에서도 최선을 다해 아이를 사랑하자고 되뇌었다. 말처럼 쉬운 일은 아니었다. 초보 장애아 엄마인 나는 의료진의 무심한 말 한마디에 주눅 들기 일쑤였고, 병원을 오가는 차 안에서 하염없이 눈물을 흘리곤 했다. 고된 병원 일정에 지친 꿈별이가 엄마의 우는 소리에도 아랑곳하지 않고 잘 자줘서 얼마나 다행인지 모른다.

꿈별이는 검사 결과가 좋은 날은 세상에서 가장 대견하고 자랑스러운 아이였다가, 검사 결과가 나쁜 날은 세상에서 가장 가엾은 아이가 되었다. 산후조리도 못하고 아이 병원 뒷바라지를 시작한 내 감정은 하루에도 몇 번씩 널을 뛰었다. 특히 꿈별이를 굶긴 뒤 쓰디쓴 진정제를 억지로 먹여서 수면 상태로 검사를 해야 하는 날은 심장이 찢어지다 못해 이대로 꿈별이를 안고 이 세상에서 사라지고 싶을 정도였다. 이미 바닥에 내동댕이쳐진 줄 알았는데 발 밑이 몇 번이고 더 꺼지는 끝없는 추락에 무력해지기도 했다. 신은 감당할 수 있는 시련만 준다는 말에, "역시 신은 없나봐. 있다면 이렇게까지 많은 시련을 줄 리가 없잖아" 중얼대기도 했다.

그렇지만 여러 합병증을 지닌, 다운증후군 꿈별이와 함께 하는 일상이 슬픔과 절망으로만 가득한 건 결코 아니다. 꿈별이는 집중치료실에서 퇴원할 때 숨을 잘 못 쉴 정도로 약한 아이였지만, 동시에 그 모든 합병증에도 불구하고 매일 조금씩 커가는 강인한 아이이기도 했다. 누워 있거나 엎드려만 있던 꿈별이는 13개월이 지난 어느 날, 두 팔을 뻗어서 배밀이를 시작했다. 아주 느리게 두 손에 힘을 주고 몸을 당겨서 앞으로 조금씩 이동했다. 인내심을 가지고 땀을 흘리면서 배밀이를 해서 손을 가져다 댄 곳은 누나인 고래의 등이었다. 누나에게 다가가고 싶어서 꿈별이는 온 힘을 다해 배밀이를 했다. 못 움직이게 어른들이 붙들고 검사하는 동안 얼굴이 퉁퉁 붓도록 울다가도 엄마를 향해 활짝 웃어줄 때, 고양이를 만지기 위해 힘껏 고개를 들어올려 손을 뻗을 때, 뽀로로 노랫소리에 몸을 들썩일 때, 나는 속수무책으로 웃을 수밖에 없다. 꿈별이를 키우며 자주 눈물지었지만, 동시에 꿈별이는 매일 내게 웃음을 줬다.

매일 조금씩 몸을 키우고, 자기만의 속도로 발달을 이뤄가고, 크고 작은 합병증에서 회복하는 과정을 지켜보는 건 경이로웠다. 왜 이렇게 힘든 몸과 운명을 택해서 세상에 왔을까 안타까웠는데, 바꾸어 생각하면 꿈별이는 큰 용기를 내어 이번 생을 살아가기로 도전한 강한 영혼이다. 웅크려 자고 있는 꿈별이를 보면서, 어쩌면 이 아이의 영혼은 너무 커서 이 작은 몸에 적응하는 데 오랜 시간이 필요한지도 모르겠다고, 그래서 발달이 유독 느린지도 모르겠다는 생각이 들었다.

주 5일을 빼곡히 재활치료실과 병원 나들이로 채우면서 어른인 나는 자주 내 처지를 비관했지만, 꿈별이는 그 어떤 상황에서도 열심히 자기 삶을 산다. 말을 못하지만 좋은 건 좋다고, 싫은 건 싫다고 분명히 표현하고, 번쩍 손을

뻗어 안아 달라고 사랑을 요구한다. 근력이 약해서 한없이 부드럽기만 한 살결, 땀 냄새조차 달콤한 체취, 빠르게 뛰는 꿈별이의 심장 박동과 간질거리는 숨결, 내 목을 감싸는 조그만 손. 사랑할 수밖에 없는 이 아이는 내게 고단한 일상과 함께 그 일상을 견딜 힘을 준다. 울고 좌절하다가도 그 힘으로 금세 또 웃고 기운을 차리며 장애아 엄마의 하루하루를 살아간다.

공식적으로
장애인이 되다

태아 보험도 없이 장애아를 낳아 수시로 병원을 다녀야 하니 병원비가 큰 걱정거리였다. 2019년부터 법이 바뀌면서 장애등급제가 폐지되고, 다운증후군은 상세 병명 코드에 따라 산정특례 지원이 달라졌다. 꿈별이가 태어난 후 병원에서 퇴원할 때 병명 코드를 받는 것 때문에 전공의와 한바탕 씨름을 했다. 병명 코드에 따라 의료비 지원을 받을 수 있는 기간에 차이가 나기 때문에 21번 염색체가 세 개인 3염색체 코드를 받는 게 매우 중요했다. 상세 불명의 다운증후군 코드를 받으면 산정특례 혜택을 2년밖에 받을 수 없기 때문에 꿈별이 유형에 맞는 5년짜리 3염색체 코드로 진단이 되었는지 확인해야 한다고, 다운증후군 아이를 둔 엄마들에게 조언을 들었던 터였다. 다운증후군의 예후는 사람마다 다른데 염색체 이상 유형에 따라 지원에 차등을 두는 바람에 필요한 지원을 못 받는 사람들도 있다고 했다.

꿈별이를 낳기 전까지는 다운증후군에 종류가 있는지도 몰랐기에 제도 관련 자료를 읽고 이해하는 것조차 어려웠지만 해야만 했다. 바뀐 제도가 까다로워서 담당 의사도 정확한 내용을 몰랐고, 산정특례 코드를 확인하기 위해 이리저리 땀나게 뛰어다녔다. 3염색체, 모자이크, 전좌형 등 각각 다른 유형 중 꿈별이는 제일 흔한 3염색체 다운증후군이었다.

다운증후군 아이는 두 돌이 지나야 지적장애로 장애 등록 신청을 할 수 있다. 태어나자마자 염색체 검사로 다운증후군 여부를 알 수 있고, 치료한다고 고칠 수 있는 것도 아닌 영구 장애인데 왜 2년이나 기다려야 장애 등록을 할 수 있는지 이해하기 어렵다. 다운증후군 아이를 키우는 양육자들 중에는 장애 등록을 미루는 경우도 있지만, 나는 어차피 영구 장애이니 빨리 등록하고 조금이라도 지원을 받고 싶었다. 그래서 두 돌이 지난 후, 다니던 병원 재활의학과 외래 진료를 갔다가 의사에게 장애 판정을 받고 싶다고 말했다.

장애 판정을 받으려면 의사에게 검사 처방을 받아야 했다. 검사를 예약한 뒤 다시 병원을 찾아가 발달검사를 받고, 결과가 나오자 다시 의사를 만나서 결과지를 받아 지자체 주민센터에 제출했다. 한참 기다리니 결과가 나왔다고 주민센터에서 연락이 왔다. 장애인 차량 등록도 했다. 꿈별이는 지체 장애가 아니기 때문에 장애인 구역에 주차할 수는 없지만 공공기관 주차장을 이용할 때 할인을 받을 수 있어서 '장애인 차량' 표지판을 발급받았다.

〈열무와 알타리〉라는 장애아 가족 일상을 다룬 웹툰에는 장애 등록 에피소드가 나온다. 장애 등록을 하며 엄마가 많이 우는 장면을 보고 마음이 아팠지만, 그게 그렇게 슬픈 일일까 실감이 안 났다. 내 경우에는 배 속에 있을 때부터 꿈별이 장애를 알고 있었고, 이미 2년 동안 치료를 다니고 있으니 다 받아들였다고 자신했다. 장애가 있으니까 장애 등록을 하는 거지, 그게 뭐 대수냐고 쿨한 척하기도 했다. 그래서 주민센터에서 복지카드를 신청하고 장애인 차량 표지판을 받아 오던 날에도 울지 않았다. 다른 세금 지원을 받으려면 따로 시청에 가야 한다는 이야기를 듣고 진이 빠졌을 뿐이다.

그런데 며칠 후 등기우편으로 도착한 장애인 복지카드를 받아들고 꿈별이 이름과 사진을 확인한 순간, 다리에 힘이 풀렸다. 그대로 주저앉아 엉엉 울고 말았다. 내 아이에게 장애가 있다는데, 성인이 되기도 전에 장애를 인증하는 신분증이 생겼는데, 아무렇지 않을 엄마가 있을까. 무얼 위해서, 왜 그렇게 쿨한 척을 한 걸까. 내 아이 얼굴과 이름이 박힌 장애인 복지카드를 받고 담담할 수 있는 엄마는 없을 것 같다. 장애 등록이 대수냐 했던 나조차 무너져서 울고 말았으니.

아이를 임신하고 낳아 키우면서 내 아이에게 질병이나 장애가 있기를 바라는 엄마는 단언컨대 한 명도 없다. 장애가 있으니까 받아들일 뿐, 복지카드를 받으면 슬플 수밖에 없다. 의연하게 넘길 수 있으리라 자신했던 내 모습이 부끄러워졌다. 이제 꿈별이는 공식적으로, 법적 장애인이 되었다.

장애인 등록을 위해 병원을 세 번 방문하고 주민센터를 두 번 방문했다. 장애 등록을 한다고 지원이 일사천리로 되는 것이 아니라 양육자가 각 항목에 대해 일일이 알아보고 직접 신청해야 한다. 평소에도 치료 스케줄이 빡빡한데 신청을 위한 진료나 검사가 하나라도 추가되면 지칠 수밖에 없다. 지원을 받기 위해 주민센터와 구청을 몇 번씩 오가야 하고, 각자가 알아서 지원 여부를 찾아보고 서류 갖춰 따로따로 신청하게 되어 있어서, 안 그래도 돌봄과 치료로 바쁜 양육자들은 있는 복지제도를 다 이용하지도 못한다. 게다가 병원에서 장애 진단을 위해 하는 발달검사는 비급여라 이십만 원 가까이 든다. 우리는 다니던 대학병원에서 진단을 받아 비용이 많이 들지 않은 편인데 작은 병원이나 의원에서 검사를 받으면 오십만 원 가까이 드는 경우도 있다고 한다. 그 돈이 없어서 장애 등록을 못하고 아무런 지원도 못 받으며 어렵게 살아가는 사람도 있다. 돈 들여 검사를 하고, 복잡한 서류를 갖추어 여러 번 병원과 행정시설을 오가야 비로소 장애 등록을 할 수 있다니, 장애인과 그 가족에 대한 이해가 전혀 없는 사람들이 제도를 만든 것 같다.

장애 등록을 하면 고속도로 통행료 할인을 받을 수 있지만 이용하기는 어려웠다. 통행료 할인을 받으려면 장애인용 하이패스 단말기를 따로 사서 설치하고, 운행할 때마다 장애인 본인의 지문을 인식시켜야 한다. 복지관을 다니느라 일주일에 세 번 정도 고속도로를 타지만, 치료 시간 맞춰 출발하기 바쁜 아침에 카시트 벨트 채우기도 힘든 두 돌 아이와 지문 인식을 하려고 씨름할 엄두가 나지 않아 장애인용 하이패스 단말기는 구매하지 않았다. 늦을 것 같은 날은 일반 하이패스를 이용하고, 시간 여유가 있을 때는 톨게이트에서 장애 당사자가 타고 있다는 걸 직원에게 확인시키고, 복지카드와 교통카드를 내밀어 통행료를 결제했다. 빠르게 가기 위한 하이패스를 남들보다 좀 더 불편하게 이용하는 것, 혹은 톨게이트에 멈춰 서야 하는 것, 그런 아주 사소한 불편이 하루 종일 이어지는 것이 장애인과 그 가족의 삶이 아닐까 싶다.

다운증후군을 가진 아이를 키우는 양육자들이 모인 단체 채팅방에는 수시로 복지제도나 행정 절차에 대한 질문이 올라온다. 병원 방침이나 정부 지원이 너무 복잡하기 때문에 지자체 홈페이지에 들어가 복지 규정을 읽어도 이해하기가 힘들다. 담당 공무원에게 문의해도 잘 모르는 경우가 많다. 오히려 양육자가 이런 규정이 있다고 알려줘야 할 때도 적지 않다. 세상이 편리해지고 빨라졌다는데 장애인과 그 가족에게는 해당 사항이 없는 것 같다. 꿈별이 언어치료를 위해 발달재활서비스 바우처를 신청할 때도, 병원에서 발달 검사 서류를 받아 주민센터를 방문했는데 대상자가 아니라고 하는 바람에 대상자가 맞다는 확인 서류를 추가로 더 제출한 후에야 지원을 받을 수 있었다. 이런 일이 비일비재하다. 필수적인 도움은 두 돌 전에 더 절실한데 그때는 장애 등록을 하기 전이라서 아무런 지원을 받지 못했다. 장애 당사자와 가족에게 정말 필요한 부분에 지원을 해주면 좋겠다. 나한테는 가지도 않을 공공시설 주차장 할인보다 당장 꿈별이 발에 맞는 장애아용 운동화와 보조기기를 지원받는 게 더 시급하다.

다운증후군을 가진 아이를 키우는 초보 장애아 양육자로서 나는 이런 것을 바란다. 다운증후군처럼 태어날 때부터 염색체 검사로 알 수 있고 고쳐지지 않는 영구 장애의 경우, 다운증후군 확진과 동시에 장애 등록이 이뤄지면 좋겠다. 복지 서비스 지원 신청을 할 때마다 아이를 데리고 병원에 가서 새로 검사를 받고 서류를 매번 지자체에 직접 제출해서 신청하는 게 아니라, 치료를 받고 있는 병원에서 발달검사 결과를 바로 지자체에 전송해서 필요한 지원 신청이 자동으로 이뤄지면 좋겠다. 양육자가 장애 지원에 대해 일일이 알아보고 우리 가정의 소득과 받을 수 있는 지원 기준을 비교한 뒤 기관을 방문해 신청하는 방식이 아니라, 주민등록과 건강보험료와 장애 등급 등을 통합해서 내린 기준으로 치료비 지원, 세금이나 도시가스, 고속도로 통행료, 통신비 등의 할인이 자동으로 적용되면 좋겠다. 등급에 정해진 대로가 아니라 장애인과 그 가족에게 정말 필요한 지원을 물어보고 제공해주길, 안 그래도 가장 힘든 양육자가 조금이나마 편해지도록 지원 방식과 내용을 바꾸길 바란다. 너무 큰 욕심이 아니었으면 좋겠다.

장애아 아빠가
'되어가는 중'

　남편은 누구보다 둘째를 기다렸다. 마침내 꿈별이가 찾아왔을 때 그는 뛸 듯이 기뻐했고, 바라던 둘째를 임신하고도 "나는 육아가 안 맞는데 둘이나 낳는 게 잘하는 짓일까" 걱정하는 나에게, 첫째를 혼자 키우느라 힘들었던 거라고, 이젠 자기가 있으니 걱정 말라고 다독였다. 내가 유산 위험으로 하혈을 하고 입원했을 때 정성스레 간호했고, 두 달 동안 거의 누워서 지내는 동안 고래 돌봄을 도맡았다. 고래와 놀이터로, 공원으로, 어린이박물관으로 다니며 신나게 놀았다. 나와 둘이 지낼 때 겁 많고 예민하던 고래는 아빠와 숨이 턱에 찰 때까지 뛰어다니고 과격한 놀이를 하더니 점점 대범해졌다. 좋은 아빠와 남편의 표본 같은 사람이었다.

그런 사람이 배 속의 꿈별이가 다운증후군이라는 걸 안 순간부터 달라졌다. 꿈별이 태명을 부르며 내 배를 쓰다듬는 일도 없어졌고, 나를 사랑하니까 아이를 보내주자는 이해할 수 없는 말만 되풀이하는 사람이 됐다. 꿈별이를 낳겠다는 날 공격하기 위해 첫째의 육아까지 비난할 만큼 잔인해졌다. 육아는 내 역린이었다. 혼자 아이를 잘 키워보겠다고 이를 악물고 애썼는데 그 노력이 비난받자 나는 이성을 잃었다. 스무 살에 친구로 만나서 스물두 살부터 연애를 했고 서른에 결혼을 했는데 서른 후반에 갑자기 내가 알던 그가 사라졌다. 남편은 전혀 모르는 사람이 되어 있었다.

눈만 마주치면 서로 으르렁대던 임신 후기에 나는 안전하게 말할 공간이 필요했고 그에게 부부상담을 제안했다. 남편은 마지못해 응했지만 가기 싫다면서도 상담 시간을 꼬박꼬박 지켰다. 꼭 필요한 말 외에는 전혀 나누지 않게 된 후에도 함께 고래 어린이집 생일잔치에 가서 가족사진을 찍고, 같이 육아하던 친구들과 연말마다 함께 하는 행사에 참여해 고래의 마음을 풀어줬다. 만삭에 고래의 설한복을 만들어주겠다고 밤새 재봉틀을 돌릴 때도, 양수과다증으로 힘들어하던 와중에 고래에게 줄 케이크를 구울 때도 "고생했네"라는 말을 잊지 않았다. 그래서 기다릴 수 있었다. 언젠가는 다시 내 옆자리로 돌아와서 고래에게 그랬던 것처럼 꿈별이에게도 좋은 아빠가 되어주기를.

나와 사이가 나빠지고 계획했던 이민이 좌절되자 예정보다 일찍 회사에 복직해버리는 바람에, 하루 걸러 병원을 다니던 시기에도 아무런 도움을 받지 못했다. 그는 퇴원한 꿈별이에게 살갑지 않았다. 내가 밥을 먹거나 화장실에 가느라 부탁할 때를 제외하곤 그가 먼저 아이를 안아주거나 돌봐준 적이 없다. 고래 아기 때부터 지금까지도 얼마나 물고 빨고 아이를 사랑하는지 보아왔기에 꿈별이에게 눈길조차 주지 않는 그가 더 원망스러웠다.

그러나 꿈별이는 사랑할 수밖에 없는 아이였다. 모든 아이들이 그러하듯 꿈별이도 그랬다. 남편은 내가 볼 때는 꿈별이를 쳐다 보지 않는 척했지만, 몰래 아이를 안고 뽀뽀를 하다 나와 눈이 마주치면 슬그머니 아이를 내려놓았다. 다운증후군 아이를 키울 자신이 없다고 보내주자고 말했지만, 막상 태어나서 꼬물대는 아름다운 생명을 어찌 외면할 수 있을까. 내 눈치를 살피지 않고 꿈별이와 시간을 보낼 수 있도록 퇴근한 그에게 아이를 맡기고 고래랑 일부러 다른 방에서 놀기도 했다. 그때까지도 우리는 거의 대화를 하지 않았지만 말을 섞었다 하면 싸웠는데 어느 날 그가 솔직한 마음을 털어놓았다. 꿈별이가 너무 귀엽다고, 그렇지만 나에 대해서는 마음이 풀리지 않는다고. 꿈별이가 귀여우면 그걸로 됐다고 생각했다.

꿈별이가 9개월 때 남편은 또다시 해외 발령을 받았다. 출국 전에 휴가를 내고 꿈별이 소아심장과 검사에 처음으로 같이 갔다. 아이를 데리고 접수, 수납, 약국, 검사실, 진료실, 또 수납 카운터를 돌고, 쓰디쓴 진정제를 먹이고 달래서 재우고, 마음 졸이며 검사 결과를 기다렸다가 지친 아이를 태우고 집에 오는 과정을 여태 혼자 했는데, 남편이 같이 가자 너무 수월해서 검사를 하러 온 게 아니라 가족 나들이를 온 것 같은 착각이 들었다. 이제 곧 못 보게 된다는 생각 때문인지 그는 꿈별이를 안고 가만히 눈을 맞추고 있기도 하고 한참을 데리고 놀기도 했다.

남편은 내게 수고하라는 말을 남기고 아이들을 안아준 뒤 출국했다. 타지에서 외롭게 일을 하면서 가족이 그리워진 걸까, 4개월 후 휴가를 나온 그는 많이 달라져 있었다. 어떻게 지냈는지 먼저 나에게 물어오고 둘째에게도 거침없이 사랑 표현을 했다. 그는 이렇게 대화조차 나누지 않는 상태로 지내기엔 시간이 너무 아깝다는 생각이 들었다고 말했다. 이제 잘 지내보자고도 했다. 양수 검사 결과가 나온 지 1년 하고도 3개월이 더 지난 후였다. 기쁨과 고마움과 슬픔과 원망이 뒤섞인 눈물이 흘렀다. 꿈별이가 첫돌을 맞은 날, 아침 일찍 집에서 간단하게 돌상을 차렸다. 아침밥을 먹고 남편은 중동 현장으로 다시 떠났다. 이번에는 공항에서 아이들뿐 아니라 나까지 따뜻하게 안아주고 출국장으로 들어갔다.

꿈별이 출생 앞뒤의 2년 여는 우리 가족의 삶의 그래프가 요동치는 시간이었다. 둘째가 찾아온 환희, 장애를 알게 됐을 때의 절망, 그 후로 일 년 넘게 이어진 지난한 싸움, 냉랭해진 엄마 아빠 사이에서 시달린 고래의 불안, 꿈별이의 여러 합병증으로 쉴 새 없이 몰려드는 슬픔, 그리고 마침내 다시 하나 된 가족의 행복까지.

꿈별이의 장애 앞에서 나와 남편은 여태 내보인 적 없던 밑바닥까지 싸그리 드러내며 서로를 할퀴기 바빴다. 그는 나쁜 사람일까? 그를 이해하지 못하는 내가 나쁜 사람일까? 둘 다 천하의 나쁜 인간이라 그렇게 싸워댔던 건 아니었다. 두렵고 불안하고 슬픈 두 영혼이 갑자기 마주한 이 큰일을 어찌 다뤄야 할지 몰라 버둥댔을 뿐이다.

그가 많이 미웠고 깊게 상처를 받기도 했지만 모순적이게도 서로에 대한 신뢰가 쌓이는 시간이기도 했다. 극한 상황에도 물리적으로 폭력을 행사하거나 가족을 저버리는 행동은 하지 않았고, 괴로운 와중에도 매일 성실하게 출퇴근을 하고, 주말마다 고래를 맡아 돌보고, 퇴근 후 당연하게 설거지를 하고 아이를 씻기는 그를 보며, 최악의 순간에도 그가 지키려고 애쓰는 가치가 무엇인지 알 수 있었다. 앞으로 살면서 더 힘든 일이 닥칠 수도 있겠지만 그때도 그는 이렇게 묵묵히 견디겠지, 하는 믿음이 생겼다. 나 역시 그 고통스러운 시간을 버텼기에 앞으로 어떤 어려움이 닥쳐도 아이들과 남편을 내치지 않고, 나를 포기하지 않고 살아낼 거라는 자신도 생겼다. 그도 애쓰는 나를 보며 비슷하게 느끼지 않았을까.

꿈별이를 치료하는 의료진 중 한 명이 이런 말을 했다.

"지금 힘드시겠지만 사실 아기 때가 제일 좋을 때예요. 더 자라서 학교 가고 그러면 주변에서도 더 이상 아이를 귀엽게 보지 않을 테고, 훨씬 복잡한 문제들이 닥칠 거예요. 그러니까 지금 몸과 마음을 단단하게 해놓으세요."

장애아를 키우는 가족으로 살아가려면 힘들고 억울하고 슬프고 괴로운 일이 많을 것이다. 가끔 두려워지는 게 사실이다. 지금 꿈별이에게 반갑게 인사해주는 이웃들이 아이가 커서 조금 다르게 걷고, 조금 다르게 말하고, 조금 다른 행동을 할 때도 한결같은 눈빛으로 봐줄까? 지금은 어린이집에서 사랑받으면서 다니지만, 학교에 갔을 때 차별받지는 않을까? 다른 학부모들이 자기 아이들의 학습권을 해친다고 전학을 요구하진 않을까? 아이와 외출했을 때 사람들이 던지는 시선을 내가 의연하게 무시할 수 있을까? 혹시라도 꿈별이 장애 때문에 고래가 놀림을 받게 되면 우리는 견딜 수 있을까?

다시 잘 지내기로 했지만, 함께 웃으며 여가를 보내지만, 남편과 나는 아직 이런 두려움에 대해 이야기 나눠본 적이 없다. 전처럼 사이가 껄끄러워질까 주저하게 되는 이

유도 있지만, 그보다 입 밖으로 미래에 대한 걱정을 털어놓았을 때 그게 현실이 될까 무서운 마음이 더 크다. 그래서 나는 오늘만 살기로 했다. 어쩔 수 없이 문득 불안함이 치솟을 때도 있지만, 일부러 지금 이 순간에만 집중하려고 노력한다. 일어서려고 용쓰며 하늘 높이 치켜든 꿈별이의 엉덩이, 여전히 쪽쪽 빠는 손가락, 위태롭게 흔들리며 소파를 잡고 옆으로 걸어서 리모컨을 향하는 작은 발, 폭염에 목 뒤를 덮은 땀띠, 며칠째 응가를 못해 볼록 나온 배. 이런 것들에만 집중한다. 그러면 매일 웃을 수 있다. 매일 지치고 짜증나고 슬프고 괴롭지만, 그래도 꼭 웃을 일이 생긴다.

꿈별이를 만나 장애아를 양육하는 가정이 된 우리는 그렇게 웃고 울며 하루를 산다. 이렇게 살아가다 보면 언젠가 "와, 잘 살아왔네!" 할 날이 있지 않을까. 확실한 건 꿈별이를 만나기 전보다 지금이 훨씬 좋다는 사실이다. 나는 조금 더 겸손해졌고, 남편은 조금 더 솔직해졌고, 고래는 세상이 자기만을 위해 돌아가지 않는다는 걸 배웠다. 꿈별이가 열어준 세상을 살며 우린 매일 조금씩 더 나은 사람이 되고 있다. 그래서 더 어려운 일이 와도 괜찮을 거란 희망도 품게 됐다. 꿈별이는 이 세상에서 할 일이 있어서 온 아이다. 우리 가족에게 지금까지 꿈별이가 준 선물을 생각하면 그건 세상에도 도움이 되는 일일 게 분명하다. 그 일이 뭐든 나는 최선을 다해 돕겠다.

3
—
새롭게 열린 세상

위험한 바깥세상으로부터 내 아이들을 지켜야 한다는
옹졸한 마음에서 벗어나, 세상에는 따뜻한 사람이 훨씬 더 많다는
사실을 믿게 됐다. 좋은 엄마가 되려고 애쓰던 깐깐한 초보 엄마
시절의 나보다, 혼자 있고 싶다고 당당히 외치며 아이를 덥석
다른 사람 품에 안기는 느슨한 지금의 내가 더 좋다.

'다밍아웃'
그 후

꿈별이를 낳은 후 아이의 장애를 SNS에 알리자 갑자기 연락을 해오는 사람들이 늘었다. 힘내라는 응원은 고마웠지만, 몇 년 만에 연락을 해서 동정하는 듯한 메시지를 보내오는 사람들에게 화가 났다. 아이에게 장애가 있으면 갑자기 내가 더 열등하고 불쌍한 사람으로 보이는 걸까? 구하지 않은 조언을 하거나 과한 연민을 표현하는 값싼 동정에 구역질이 났다. SNS 게시물에 기분 나쁜 댓글이 올라와서 별말 없이 삭제했더니 따로 연락을 해서 "안 그래도 아픈 아이 키우기 힘들 텐데 그렇게 삐딱해서 어떻게 살려고 하나"며 내 성정이 꼬였다고 비난하는 사람도 있었다.

아예 무관심으로 일관하는 사람도 있었다. 처음 임신 소식을 전했을 때까지는 축하 인사도 건네던 사이였는데 다운증후군을 가진 아이라고 이야기한 후로는 깜깜무소식이었다. 아마도 뭐라 말해야 할지 몰라서 묵묵부답인 것 같았다. 많이 접해보지 않았기에 낯설고, 잘 모르니까 경계하게 되고 다가서기 조심스런 마음, 짐작이 가고 이해된다. 나 역시 그랬을 것 같기 때문이다.

용기 있고 성숙한 결정이라고 추켜세우는 사람들도 있었다. 생명을 낳고 키우는 건 중대한 일이지만 장애아를 낳아 키운다고 해서 더 훌륭해지는 건 아니다. 과한 칭찬이 조금은 씁쓸했다. 제일 고마웠던 건 아이의 상태와 관계없이 둘째 탄생 자체를 축하해주는 말들이었다. 첫째를 낳았을 때와 똑같이 기뻐하고 축하해주는 게 가장 마음이 편했다. 꿈별이의 장애에 집중하는 대신 그저 귀엽다고 말해주는 사람들에게 고마웠다.

의외로 주변에 장애인 가정이 많았다는 사실도 알게 됐다. "둘째에게 장애가 있거든요" 하면 그때까지는 말이 없던 사람이 갑자기 "제 동생도 장애가 있어요" "제 아이에게도 장애가 있어요" 하고 편하게 장애 가족 이야기를 꺼냈다. 연결감을 느낄 때 반갑고 기뻤다. 나에게만 닥친 불행이 아니라는 사실에 위로가 되기도 했고, 의외로 장애인 가족이 '평범'할 수도 있겠다는 생각도 들었다.

처음에는 큰 용기를 내어 고백하듯 꿈별이 이야기를 꺼냈지만, 한두 번 하다 보니 나중에는 한 방울의 눈물도 없이 아주 담담하게 이야기를 할 수 있게 됐다. 어느덧 4년 차인 지금은 "제가 허리 디스크가 있거든요" 말하듯 가볍게 꿈별이 장애에 대해 말한다. 꿈별이의 장애가 가벼워져서가 아니라, 장애아 엄마임을 드러내는 게 내게 더 이상 부담스럽고 무거운 일이 아니게 되었기 때문이다.

블로그나 SNS에 꿈별이의 다운증후군에 대해 꾸준히 게시물을 올리다 보니 기형아 검사 결과 고위험군이 나온 임신부들이 걱정 어린 댓글을 남기기도 한다. 그럴 때면 최선을 다해 위로의 말을 건넨다. 얼마나 놀라고 걱정되었으면 검색을 하다 내 글을 찾아 읽고, 용기 내서 댓글까지 남겼겠는가. 내가 꿈별이를 품고 정보를 찾기 위해 이리저리 수소문할 때도 선배 엄마들이 정성스레 답을 해주고 위로를 해줬다. 전화번호를 알려주며 언제라도 연락하라고, 집에 와서 우리 아이를 만나봐도 좋다고 말해준 선배 '천사맘(다운증후군 아이 엄마를 우리끼리 일컫는 말)'도 있었다. 그분들의 따스한 한마디가 큰 힘이 되었기에 나도 내게 질문을 하거나 걱정을 털어놓는 분들께 진심으로 답하려고 애쓴다.

양수 검사로 다운증후군 확진 판정을 받고 임신 중지를 결정했다고 댓글을 남긴 사람도 있었다. 도무지 자신이 없어서 아이를 포기하기로 결정했다면서도, 나와 꿈별이의 앞날을 축복했다. 그 마음이 눈물 나게 고마웠다. 아이를 포기한 것에도 나름의 사정이 있을 것이다. 우리는 모두 각자의 상황에서 그저 할 수 있는 일을 하는 것뿐이다. 나는 둘째를 기다리다 맞이했고, 둘을 키울 여건이 되었고, 치료를 도맡을 체력이 되었고, 보험 없이도 치료비를 감당할 여력이 되었기에 꿈별이를 낳겠다고 결정할 수 있었던 것이다. 만약 내가 그럴 수 없는 상황이어서 배 속의 아이를 보내주기로 결정했다면, 나와 다른 선택을 한 사람에게 축복한다고 말을 건넬 수 있을까. 소인배인 나는 그러지 못했을 것이다.

아이의 장애를 공개한 후, 내 삶은 더 가벼워졌고 더 넓어졌고 더 따뜻해졌다. 꿈별이가 태어난 지 일 년 뒤부터 코로나19가 시작되어 많은 장애인 가족을 만나보지는 못했지만, 언젠가는 나에게 위로와 지지를 건넨 분들, 응원과 축복을 전해준 분들, 또 내가 응원과 지지를 보낸 분들을 모두 한 명 한 명 만날 수 있으면 좋겠다. 그런 연결이 많아지면, 다운증후군 아이를 키우는 양육자들의 삶이 좀 더 살 만해지지 않을까.

'훌륭한 장애아 엄마'라는
허상

둘째의 상태를 알고 자료들을 찾아보던 중 다운증후군 딸을 키우는 이야기를 만화로 그린 장차현실 작가의 책 『엄마, 외로운 거 그만하고 밥 먹자』와 『또리네 집』을 읽게 됐다. 출산 다음 날 아이에게 문제가 있다는 말을 듣고 "끝없는 구덩이 속으로 빨려 들어가는 느낌"이었다던 장 작가는 "불행은 뻥튀기되어 엄청난 즐거움을 가져다주었다"며 그 속에 행복이 있었다고 말한다. 만화라는 장르의 특성일 수도 있지만, 장애아를 키우는 이야기인데도 슬프고 어둡기는커녕 웃음을 터뜨리게 하는 장면이 많다. 딸에게 심부름을 시키면 "난 장애인이라 못하지~" 한다는 장면에서는 고정관념을 깨는 쾌감마저 준다. 하루아침에 덜컥 장애아의 엄마가 되었지만 그 삶에 웃음도 있다는 걸 장 작가의 작품을 보며 마음에 새길 수 있었다.

꿈별이가 6개월쯤 되었을 무렵, 마침 가까운 곳에서 장 작가와 캐리커처 작가가 된 딸 은혜 씨의 강연이 열려서 아기를 안고 찾아갔다. '가치를 바꾸는 예술'이라는 주제로 열린 발달장애인의 삶과 예술에 대한 강연이었다. 모녀 작가를 소개하고 본론으로 들어가기도 전에 청중 한 명이 "어떻게 장애아를 이렇게 잘 키웠냐"며 "훌륭한 엄마라서 그런가 보다"고 작가의 말에 끼어들었다. 장 작가는 "그게 아니라는 게 오늘의 주제"라며 이야기를 시작했다.

장 작가는 딸이 어렸을 때부터 언어치료, 물리치료, 감각통합치료 등 다양한 재활치료를 시키고, 대안학교에서 비장애 학생들과 함께 통합교육을 받게 하는 등 교육에 무척 공을 들였다고 한다. 발달장애인을 위한 전공과가 있는 대학교까지 졸업했으나 성인이 된 은혜 씨를 반기는 일터는 없었다. 대중교통으로 등하교를 하며 만나는 사람들의 차가운 시선에 시선강박이 생긴 은혜 씨는 세상과 단절된 채 방에 들어앉아 뜨개질만 했다. 그간 애써왔던 교육이 무색하게 퇴행이 왔다. 틱장애와 조현병이 생겼다.

딸을 방에서 나오게 하려고 장 작가는 본인이 운영하던 화실의 청소를 맡겼다. 그곳에서 은혜 씨는 청소 대신 수강생 아이들과 함께 그림을 그리기 시작했다. 4년 뒤 은혜 씨는 2천 점이 넘는 인물화를 그린 캐리커처 작가로 우뚝 섰다.(2022년 드라마 〈우리들의 블루스〉 출연과 다큐멘터리 영화 〈니 얼굴〉 개봉, 두 권의 책 출간과 전시 등으로 은혜 씨는 더욱 바빠졌다.)

장 작가는 말했다. "오랜 시간 아이를 비장애인처럼 살게 하는 데만 초점을 맞췄다. 아이가 무엇을 원하는지, 무엇을 잘하는지 보려고 하지 않았다"고. "늦게나마 '남들처럼 살기 위함'이 아닌 딸이 가장 잘할 수 있는 일을 하도록 도울 수 있어 다행"이라는 말도 덧붙였다.

강연이 끝난 후 책에 사인을 받으며 은혜 씨가 다닌 대안학교에 대해 질문했다. 평소 관심을 가지고 있던 학교였기 때문이다. 중요한 건 어떤 교육을 시키는지가 아니었다고, 뒤늦게 아이의 재능을 알아보았다는 강연을 듣고도 나는 초반에 끼어들었던 청중처럼 엉뚱한 질문을 하고 있었다. 장 작가는 다시 한번 "학교에 너무 많은 에너지를 쏟은 걸 후회한다"며 "정말 중요한 건 우리 가족이 어떻게 살지 그려보는 것"이라고 말했다.

"인생은 길고 학령기는 짧아요. 지금은 학교 교육이 전부일 것 같지만 그 이후가 훨씬 길고 중요해요. 이 아이와 함께 어떤 삶을 살고 싶은지부터 차근차근 생각해봐요."

6개월짜리 다운증후군 아기를 안은 내 등을 쓸어주며 장 작가가 건넨 말이다.

벌써 아이의 교육을 걱정하면서, 정작 느리게 크는 둘째를 맞이한 우리 가족이 어떤 모습으로 살고 싶은지는 한 번도 생각해본 적이 없었다. 장 작가의 책 『또리네 집』에는 대안학교에서 모녀가 겪은 상처가 짤막하게 등장한다. 통합교육에 동의했다가도 어려운 일이 생기자 '역차별'과 '합리'를 내세워 장애 학생을 배제하는 사람들에 맞서기 위해 뜻이 맞는 학부모들과 회의를 거듭하다가 끝내 떠밀리듯 학교를 그만둔 내용이 나온다. 몇 장의 만화로 다 풀어낼 수 없을 만큼 수많은 고뇌와 아픔이 있었을 것이다. 그런 경험들을 통해 중요한 건 학교가 아니라 삶이라고 '선배 장애인 엄마'는 '초보 장애인 엄마'에게 조언했다.

타인의 잣대에 불편해하면서도 나 역시 장 작가를 '훌륭한 장애인 엄마'의 표본으로 삼고 따라하고 싶었는지도 모른다. 그의 아이가 다닌 학교를 궁금해하고, 어디로 갈지, 어느 곳을 피할지 계산하려고 했다. 그런데 그런 단순한 팁을 주는 대신 그는 인생을 관통하는 질문을 던져주었다. 장 작가는 스스로를 훌륭한 엄마가 아니라고 했지만 역설적으로 그는 나에게 '훌륭한 엄마이자 인생 선배'가 되었다.

그림을 그리기 시작한 후 은혜 씨의 틱장애와 조현병이 기적처럼 사라졌다고 한다. 장 작가는 "이것이 사람을 살리고 가치를 바꾸는 예술의 힘"이라고 강조했다. 버스나 지하철에서 장애인으로 은혜 씨를 바라보는 시선과 캐리커처 작가로 은혜 씨를 바라보는 시선의 차이에 치유의 비밀이 있었다. 수천 명의 모델들이 작가로서의 은혜 씨를 바라보는 존중의 시선이 그를 낫게 했다.

은혜 작가는 청중 앞에서 마이크를 들고 자신의 작품 활동을 소개했다. 간간히 청중을 웃기기도 했으며 강연이 끝날 때는 노래도 한 곡 멋지게 불렀다. 시종일관 당당하고 적극적이었다. 몇 년 전만 해도 틱장애와 조현병이 있었다는 걸 상상할 수 없을 정도였다. 지금 장 작가는 양평에서 경기장애인부모연대 양평지회를 조직하여 부모운동을 하는 동시에 예술협동조합 '틈'을 만들어 은혜 작가와 함께 활동하고 있다.

예술협동조합 '틈'에 대한 소개 중 가장 인상적이었던 건 소근육 발달이 안되어 연필을 제대로 잡지 못하는 발달장애를 가진 학생 이야기였다. 연필이나 일반 붓으로는 그림을 그리지 못하는 그를 지켜보던 장 작가는 커다란 붓과 큰 종이를 주고 대근육을 사용해서 그림을 그리도록 이끌었다. 팔 전체를 써서 대근육으로 그린 그림은 힘이 있고 시원시원했다. 편견을 버리고 아이의 능력을 있는 그대로 봐주면서 필요한 도움을 제공하면 아이는 예술작품을 만들어낸다. 존재 자체를 존중하는 시선이 변화의 실마리였다.

처음으로 다운증후군 아기 엄마가 되어 좋은 점을 깨달았다. 둘째에게 비장애인처럼 되기를 강요하지 않고 아이를 있는 그대로 보기 위해 노력한다면 그 태도는 첫째에게도 도움이 될 것이기 때문이다. 아이에게 내 기대를 강요하지 않기란 비장애인의 부모에게도 아주 힘든 일이다.

편견을 버리고, 욕심을 버리고 아이의 존재를 따뜻하게 바라보는 엄마의 시선은 둘째뿐 아니라 장애가 없는 첫째를 자유롭게 할 것이다. 둘째 덕에 그 이치를 조금 더 일찍 깨우친 것 같다.

둘째를 다시 보았다. 부족했던 수유량을 늘리기 위해 밤수유를 다시 시작했다. 쌀미음은 잘 먹지만 애호박이 들어가자 뱉어내는 양이 늘었다. 순하기만 한 것은 아니다. 낮잠이 줄어들고 잠투정도 생겼으며 유아차에서는 잘 잠들지 못한다. 맘에 안 드는 게 있으면 인상 쓰고 소리를 지르며 거부하기도 한다. 목은 아직도 힘없이 꺾이지만 손은 야무지게 쪽쪽 빤다. 누워서 버둥거리다 손으로 발을 잡는다. 누워서 발을 잡는 동작은 배와 다리 힘이 없으면 불가능하다. 얼마 전 검진 때 또래들은 가능하지만 둘째는 못한다고 했던 바로 그 항목인데 며칠 사이에 할 수 있게 됐다. 더디지만 분명 나아가고 있다. 조급함을 내려놓고 다시 본 둘째는 남보다 느릴지라도 매일매일 크고 있다.

눈을 맞추자 둘째가 웃는다. 울다가도 나를 보면 금세 웃는다. 배가 고파 허겁지겁 맘마를 찾다가도 잠시 눈을 올려 나와 눈 맞추는 걸 잊지 않는다. 둘째는 그렇게 나를 바라봐주고 있었다. 훌륭한 엄마가 아닌, 방황하고 괴로워하고 모순투성이인 나를 있는 그대로 바라본다. 그리고 웃어준다. 내가 이제야 시작하려는 '존중의 응시'를 갓난쟁이 둘째는 처음부터 하고 있었다. 아이와 나의 시선이 마주칠 때 평화가 다시 찾아왔다.

알고 보니
독박육아가 아니었다

꿈별이가 돌도 되기 전 남편이 해외 근무를 나가는 바람에 아이 둘을 꼼짝없이 독박육아하게 되었다. 24시간 중 단 1시간, 아니 10분도 혼자 있을 수 없는 삶이 다시 시작된 것이다. 매일 병원을 오가느라 체력이 달리는데 잠시도 쉴 틈이 없으니 그 스트레스가 고스란히 첫째 고래에게 갔다. "엄마" 하고 부르기만 해도 화부터 났다. 정말 간절히 혼자 있고 싶었다.

다운증후군 아이를 둔 엄마들의 단톡방에서 하소연을 하자 한 엄마가 '시간제 보육'이라는 제도에 대해 알려줬다. 지역마다 시간제 보육을 제공하는 어린이집이 있어서 미리 예약하면 한 시간에 천 원이라는 저렴한 비용으로 돌봄 서비스를 이용할 수 있다는 것이었다. 이렇게 좋은 제도가 있는 줄도 모르고 살았다니! 그도 그럴 것이 고래는 어린이집을 늦게 보냈다. 어린이집에서 일어나는 아동학대 등의 뉴스에 걱정이 되어서 육아가 너무나 적성에 안 맞는데도 38개월까지 가정보육을 했다. 막상 어린이집에 보내고 보니 대부분의 교사는 좋은 분들이었고, 고래도 잘 적응해서 즐겁게 다녔다. 이제는 어린이집에 대해 어느 정도 신뢰가 생긴 터라 당장 집 근처 시간제 보육실을 검색했다.

차로 10분 정도 걸리는 시립 어린이집에 시간제 보육실이 있었다. 미리 예약을 하고 꿈별이를 데리고 가서 상담을 받았다. 서류를 작성하고 꿈별이와 같이 교실에서 시간을 보내다가 선생님이 나더러 잠깐 산책하고 오라고, 아이가 적응하는지 보자고 제안하셨다. 당시 꿈별이는 돌을 앞두고 있었지만 아직 힘없이 누워만 있을 때였다. 나갔다가 돌아오니 선생님은 다음번에는 한 시간 동안 있어도 되겠다고, 잘 지냈다고 하셨다. 처음에는 한 시간, 두 시간씩 맡기다가 나중에는 유축한 모유와 젖병을 싸들고 가서 네 시간 동안 맡기기도 했다. 꿈별이는 먹기도 잘 먹고 형, 누나들 노는 걸 구경하다가 혼자 스르르 잘 잤다고 한다. 그 덕에 나는 둘째를 낳고 처음으로 혼자 밥도 먹고 커피도 마셨으며, 친구 어머님의 장례식에도 다녀올 수 있었다.

시간제 보육은 정말 고마운 제도였지만, 매주 일요일에서 월요일로 넘어가는 자정에 돌봄 서비스를 예약하는 일이 여간 치열한 게 아니었다. 내가 원하는 시간은 다른 엄마들도 선호하는 시간대였기에 늘 예약이 어려웠다. 인기 가수 콘서트 예매 전쟁 저리 가라 싶게 30초도 되지 않아 원하는 시간이 전부 마감되곤 했다. 돌이 지나자 순하디순했던 꿈별이가 낯을 가리기 시작했다. 전에는 처음 보는 사람에게도 가만히 안기고 바운서에 누운 채 조용히 논다고 했는데, 울음을 멈추지 않는다고 선생님께 전화가 올 때가 점점 많아졌다. 보육이 끝나고 집으로 돌아오는 길에 토하기도 했다. 무슨 부귀영화를 누리겠다고 예약할 때 스트레스 받고, 우는 아이를 굳이 떨궈놓나 싶어서 시간제 보육 이용을 그만뒀다.

주변에서는 차라리 안정적으로 같은 공간에서 익숙한

사람들과 지낼 수 있게 어린이집에 보내는 게 어떠냐고 조언했다. 집 근처 가정 어린이집에 상담을 예약했다. 다운증후군을 가진 아이를 꺼리는 기관도 있다고 들은 터라 잔뜩 긴장해서는 상담을 하러 갔다. 때마침 코로나19 팬데믹이 시작된 시기라 퇴소하는 아이들이 많아 자리가 생겼다고 했다.

이 시국에 아이를 어린이집에 보내도 되는가 잠시 고민했지만, 피로와 우울에 지쳐서 다른 걸 고려할 겨를이 없었다. 휴원을 하면 어쩔 수 없지만 받아만 준다면 보내야지, 다짐을 했다. 꿈별이 장애와 건강 상태에 대해 말하고, 남편이 해외에 있고, 꿈별이는 곧 사시 수술을 앞두고 있으며 매일 재활치료실에 가야 한다고 원장님께 설명했다. 다른 아이들보다 손이 더 많이 갈 수도 있고, 주의해주셔야 할 부분도 있는데 괜찮으시겠냐고 물었다.

원장님은 가만히 듣고 있더니 천천히 입을 뗐다.

"어머니, 힘드셨겠어요."

그 말에 눈물이 왈칵 쏟아졌다. 입소를 거부하면 장애 차별이라고 따져야 하나, 다른 곳을 알아봐야 하나, 나와 아이가 상처받지는 않을까, 잔뜩 긴장하고 있었는데 갑작

스레 위로를 받으니 무장해제되고 말았다. 원장님은 이어서 말씀하셨다.

"이제 우리한테 맡기고 어머니도 좀 쉬세요. 아이 혼자 키우기 너무 힘들잖아요. 우리, 같이 키워요."

맞다. 아이를 엄마 혼자 키우는 건 불가능에 가까운 일이다. 아이 하나를 키우기 위해 온 마을이 필요하다는, 이제는 너무 식상해진 말을 인용하지 않더라도 아이를 키우기 위해서 많은 손길이 필요한 것은 명백한 사실이다. 양육자와 보육기관이 함께 아이를 키우는 것도 새로울 게 없는 이야기다. 그런데도 '우리 같이 키우자'는 원장님의 말은 내게 큰 울림과 감동을 주었다. 좋은 기관이 더 많다고는 하나 잊을 만하면 한 번씩 기관에서 아이를 학대하는 소식이 들려오는 게 현실이기에, 납득하기 어려운 이유를 대면서 장애아를 안 받으려고 애쓰는 기관이 있는 것도 사실이기에, 기꺼이 꿈별이를 받아주고 함께 키우자고 말해준 원장님이 정말 고마웠다.

입소를 결정하고 얼마 지나지 않아 코로나19 사태가 더심각해지면서 휴원 명령이 떨어졌고, 한동안 더 가정보육을 하다가 15개월에 비로소 꿈별이는 어린이집 적응을 시작했다. 한창 낯을 가릴 때였지만 엄마랑 같이 들어가서 시간을 보내고 천천히 선생님들 얼굴을 익히고 공간에 익숙해지자 한 달도 채 되지 않아 무사히 적응을 마쳤다. 아침에 고래를 등원시키고 꿈별이와 치료실에 가서 재활치료를 받은 뒤 다시 운전해서 어린이집으로 등원시켰다. 그러면 점심시간을 포함해서 두어 시간 남짓 여유가 생겼다. 드디어 혼자 산책도 하고 라면도 끓여 먹고 책도 읽을 수 있게 됐다.

재활치료를 마치고 등원하러 가는 차 안에서 꿈별이는 고된 치료에 지쳐 곤히 잠을 잔다. 깨자마자 엄마한테서 떨어져 어린이집 선생님께 안기는 게 서러울 법도 한데 이제는 어린이집 현관만 들어서도 좋아서 춤을 춘다. 웃는 얼굴로 선생님께 안기고 나에게 잘 가라고 손을 흔든다. 울지 않고 기관에 가는 아이의 뒷모습은 정말 고맙고 사랑스럽다. 어린이집을 다니면서 내내 재활치료를 받았고 수술도 두 차례나 더 받고 사이사이 아플 때도 있었는데 그때마다 선생님들은 엄마인 내 마음을 살피고, 아이를 함께 걱정하고, 꿈별이의 회복을 위해 함께 기도했으며, 천천히 크는 아이의 성장을 함께 지켜봐주셨다.

꿈별이를 키우느라 애를 쓰고 있다고 생각했지만, 사실 꿈별이는 내 노력만으로 큰 게 아니었다. 얼굴과 이름을 다 기억하지도 못할 만큼 셀 수 없이 많은 의료진의 손길이 꿈별이를 살려냈다. 그분들의 의료 행위, 배려, 따뜻함, 보살핌, 마음 씀씀이가 아이를 키웠다.

재활치료를 시작한 후에는 치료사들의 따뜻한 보살핌을 더 실감하게 됐다. 매주 아이 몸을 만지고 동작을 유도하고 눈을 맞추는 재활치료사들은 배밀이를 시작하거나 혼자 앉기, 기기에 성공하는 등 비장애 아이에게는 별일도 아닐 아주 작은 성취에도 함께 크게 기뻐했다. 하다못해 마스크를 잘 쓰고 치료를 받는 것, 울지 않고 신발을 신는 것 같은 사소한 변화까지 축하해주었다. 가끔은 나보다 더 자세히 아이를 관찰하고 살핀다는 느낌이 들 정도였다. 병원 사정으로 치료 배정이 변경될 때는 치료사 선생님과 찐하게 악수를 하며 아쉬워하기도 했다.

병원이나 치료실을 다니지 않고 집에서 편안하게 지내면서 크면 물론 좋겠지만, 매일 병원과 복지관 재활치료를 다니는 삶에 꼭 나쁜 점만 있는 건 아니다. 꿈별이는 정이 든 치료사 선생님들을 정말 좋아한다. 만나면 방긋 웃

고 다가가서 꼭 안긴다. 선생님 얼굴을 쓰다듬고 애교를
부리기도 한다. 바닥이나 의자에 앉아서 해도 되는 활동인
데 치료사 선생님 무릎에 앉아서 하겠다고 고집을 피우기
도 한다. 꿈별이는 그만큼 많은 사람들에게 사랑을 받고
있다. 어쩌면 꿈별이와 마주친 의료진들이 정해진 업무보
다 조금 더 마음을 내서 눈 맞춤 한 번, 손길 한 번 더 주신
그 사랑으로 여태 아이가 무탈하게 자랐는지도 모르겠다.
그 '조금 더'의 마음을 보호자인 내가 먼저 바라고 요구해
선 안 되겠지만, 기꺼이 내주셨을 때는 그저 감사히 받을
수밖에. 이게 다 꿈별이의 복이다.

　꿈별이를 만난 후 기대하지 않았던 고마운 인연들이 생
겼다. 삭막할 것만 같은 대학병원, 건강한 비장애 아이를
선호할 거라 오해했던 어린이집에 나와 비슷한 마음으로
꿈별이를 바라보고 사랑해주는 사람들이 있다는 걸 알게
됐다. 꿈별이가 이 많은 사람들과 나를 연결해주었다. 덕
분에 나는 조금 더 열린 마음을 갖게 됐다. 위험한 바깥세
상으로부터 내 아이들을 지켜야 한다는 옹졸한 마음에서
벗어나, 세상에는 따뜻한 사람이 훨씬 더 많다는 사실을
믿게 됐다. 좋은 엄마가 되려고 애쓰던 깐깐한 초보 엄마

시절의 나보다, 혼자 있고 싶다고 당당히 외치며 아이를
덥석 다른 사람 품에 안기는 느슨한 지금의 내가 더 좋다.
꿈별이를 함께 키우는 사람들이 있어 든든하다.

나를 지탱해준
사람들

꿈별이가 6개월쯤 되었을 때, 병원에서는 이제 이유식을 시작하라고 했다. 모유를 먹고 있었고 아직 앉지 못해 이유식은 천천히 해도 될 거라 생각했는데, 앉지 못하더라도 이유식을 시작해야 소화기도 월령에 맞게 발달한다고 의사는 설명했다.

보통 비장애 아이에게 이유식을 시작할 때는 범보 의자나 부스터처럼 하체를 고정하고 상체 앞쪽에 트레이가 있는 아기 의자를 사용한다. 혼자 힘으로 앉거나 등을 조금 기대는 정도로 몸을 지탱할 수 있는 아이들이 사용하는

의자다. 꿈별이는 목도 못 가눌 때라 일반적인 이유식 의
자에 앉혀서 먹이는 게 불가능했다. 친구가 등받이 조절이
되는 고가의 아기의자를 물려줬다. 정말 고마웠지만 몸을
지탱하는 힘이 부족한 꿈별이는 눕혀진 의자에서도 옆으
로 고꾸라질 듯 중심을 잡지 못했다.

수소문해보니 스스로 앉지 못하는 아이를 위한 의료기
기가 있었다. 척추와 골반뼈를 잡아줘 근력이 약한 꿈별이
같은 아이도 앉을 수 있게 도와주는 '피더시트'라는 의자
였다. 재활의학과 작업치료를 할 때 쓰이기에 치료사에게
이 의자를 개인적으로 구할 수 있냐고 물었다. 수입 제품
인데 매우 고가라서 개인적으로 사기엔 어려울 거라며 장
애인 복지관에서 대여할 수 있다고 알려줬다. 지역 장애인
복지관에 전화를 했더니 담당자는 등록 장애인이 아니면
대여할 수 없다고 말했다. "당장 이유식을 할 때 필요해요.
지적장애 등록은 두 돌이 지나야 할 수 있는데요?"라고 항
변했지만 안 된다는 말만 돌아올 뿐이었다.

인터넷 쇼핑몰을 뒤져보니 백만 원이 넘는 가격에 팔고
있었다. 결국 중고거래 사이트에 알람을 설정해두고 수시
로 들여다보았다. 꿈별이에게 맞는 소형 피더시트가 올라

오는 일은 드물었고, 부피가 크다 보니 직거래하기에 거리
가 멀거나 가격이 너무 높아서 몇 번의 기회를 놓쳤다. 그
러던 어느 날 한 시간 반 정도면 갈 수 있는 거리에 적정
가격의 피더시트 판매 글이 올라왔다. 바로 댓글을 달고
약속을 잡았다.

아이 둘을 태우고 차를 몰아서 한 아파트 단지에 도착
했다. 주차장에 차를 세우고 판매자에게 연락한 후 트렁크
를 열고 기다렸다. 잠시 후 장년의 남성이 파란 피더시트
를 들고 나왔다. 다가가서 인사를 건네고 의자를 받으려는
데, 직접 트렁크에 의자를 실어주면서 말했다.

"우리 아이, 이제 식탁 의자에 앉아서 밥 잘 먹어요. 이
거 쓰면 금방 좋아질 거예요."

예상치 못한 위로의 말에 당황했다. 눈가가 뜨거워졌다.
서둘러 돈을 전달하고 고맙다 말하며 차에 올라탔다. 뜻밖
의 따뜻함에 눈물이 흘렀다.

높이를 조절해서 앉거나 서기 연습과 소근육 강화 활동
을 할 수 있는 재활 테이블을 구할 때도 그랬다. 새 제품을
구매하자니 너무 비쌌고, 어떤 시설에서도 도움을 받을 수
없어서 역시 중고로 구매했다. 판매자는 '마음이 앞서서

크기별로 미리 다 사지 말고 소형 하나로 다양하게 써보라'며 사용 팁을 전수해주기도 했다.

"도움 된다는 거 다 사고 싶죠? 저도 그랬어요. 그런데 이걸로도 충분해요."

경험에서 우러난 따뜻한 조언이었다.

다운증후군을 가진 아이는 관절이 지나치게 유연하고 약해서 일반 아기띠를 쓰면 안 된다는 의료진의 말에 속 상해하는 나에게, 먼저 다운증후군 아이를 키운 엄마가 선 뜻 아기띠와 옷가지를 택배로 부쳐주었다. 제품별로 비교 해보고 새로 구매하는 수고를 덜 수 있어 너무 고마웠다.

꿈별이는 발목 관절도 너무 유연하고 힘이 없어 일반 아기 신발을 신고서는 재활치료를 받을 수 없었다. 치료사 들은 한결같이 발목까지 올라오는 일명 '하이탑' 운동화 를 준비해 오라고 했다. 농구화 비슷한 운동화가 꿈별이에 게 필요했지만 국내 매장에서는 찾기 어려웠다. 다행히 다 운복지관에서 하이탑 운동화를 대여해줘서 치료를 시작 할 수 있었지만, 아이의 발이 점점 커지고 치료실과 집 안, 집 밖에서도 신발을 신은 채 서는 연습을 시키려면 한 켤 레로는 부족했다. 해외 사이트를 뒤져서 꿈별이 발에 맞는 농구화를 찾고, 몇 주를 기다려서 겨우 받았다.

모든 다운증후군 아이들이 발목까지 올라오는 농구화를 신는 건 아니다. 관절이 튼튼하고, 근력이 제법 있어서 잘 걷는 아이들은 비장애 아이들과 똑같은 단화를 신기도 한다. 아기 농구화 수요가 워낙 적다 보니 국내 업체에서는 취급하지 않는 것 같다. 그래서 느린 아이를 키우는 엄마들 커뮤니티에서는 작은 사이즈의 농구화를 구하거나 파는 일이 잦다.

내가 아이 운동화를 구하기 위해 애쓰는 걸 알고 먼저 걷기 시작한 꿈별이 친구의 엄마가 운동화를 보내주기도 했다. 꿈별이는 또래 중에서도 발달이 느리고 발도 유독 작은 편이라 친구한테 신발을 물려받을 수 있어 행운이었다. 그 엄마도 아이 치료 다니느라 바쁠 텐데 새 운동화처럼 깨끗하게 세탁해서 보내준 걸 보고 또 눈물이 핑 돌았다. 쓰던 아기띠를, 신던 운동화를 깨끗하게 빨아서 보내줄 마음을 낸다는 게 여유 없는 장애아 엄마에게 얼마나 힘든 일인지 알기에, 사무치게 고마웠다.

복지제도의 사각지대에서 양육자는 장애아에게 필요한 모든 물품을 알아서 마련해야 하지만, 양육자들 사이에 위로와 공감, 응원이 서로에게 큰 의지처가 되었다. 내 처지를 잘 아는 사람이 건네는 한마디의 말, 한 번의 손길에 잠시나마 얼어붙었던 마음이 녹았다. 세상에서 내가 제일 힘들다고 잔뜩 뿔이 나 있을 때, 나와 같은 일을 먼저 겪었거나 같이 겪고 있는 사람들의 지지가 온기를 줬다.

요즘 부쩍 키가 큰 꿈별이는 발도 커졌다. 실내에서 치료받을 때만 신어서 별로 때가 타지 않았지만 솔로 깨끗이 빨아 햇빛에 말렸다. 중고로 팔아도 될 운동화들이었지만 다운증후군 부모 커뮤니티에 무료로 나누겠다는 글을 올렸다. 신발이 필요하다는 또 다른 엄마에게 기쁜 마음으로 택배를 보냈다. 내가 받았던 따스함이 전해지기를 소망하며.

인생의 큰 시련 앞에서 무너지지 않을 수 있었던 건 아이에 대한 사랑 때문이기도 하지만 나를 응원해주는 사람들이 있었기 때문이다. 둘째를 임신했을 때 첫째를 같이 키운 육아 친구들과 매주 서로의 삶을 나누는 모임을 가지고 있었는데, 그 친구들은 유산 위험과 양수 검사, 다운증후군 확진, 가족과의 갈등이라는 다사다난한 임신 기간 동안 늘 옆에 있어주었다. 친구들은 나를 판단하거나 평가

하지 않고 전폭적인 지지와 응원을 보내주었다. 내가 꿈별이를 낳겠다고 결정했을 때 친구들은 이렇게 말했다.

"네가 장애 있는 아이를 지키기로 했기 때문에 널 지지하는 게 아니야. 네가 아이를 보내주기로 결심했어도 우린 똑같이 너를 응원할 거야. 언제나 곁에 있을 거야."

내 선택이 옳기 때문이 아니라 내가 한 선택이기 때문에, 단지 그 이유로 나를 지지한다는 말에 이 세상에 무서울 게 없다는 생각이 들었다. 돌이켜 보면 나는 친구들에게 그렇게 무조건적인 존중과 응원을 보낸 적이 없었던 것 같다. 이렇게 큰, 무거운 우정을 받아도 될까 주저할 만큼 친구들은 사랑으로 나를 감싸주었다.

아이를 낳겠다고 했을 때 나를 향한 가족의 비난 중 "장애 아이를 낳아서 키우려는 건 훌륭한 엄마라고 과시하고 싶은 너의 영웅 심리일 뿐"이라는 말이 유독 아팠다. 그 말을 떠올리며 힘들어하는 나에게 함께 공부를 하던 언니가 말했다.

"그러면 어때? 영웅 심리 때문에 한 생명을 지킬 수 있다면 충분히 가치 있는 일 아니야?"

언니의 말에 어깨를 짓누르던 자책감이 눈 녹듯 사라졌

다. 물론 아이에 대한 사랑이 바탕에 있지만, 내가 훌륭한 엄마라고 세상에 보여주고 싶었던 그 마음 또한 받아들이기로 했다. 그래, 나는 그런 엄마구나. 그런 사람이구나. 그러고 나니 편해졌다. "세상 물정도 모르면서 영웅 심리로 장애 가진 아이를 낳겠다고 큰소리쳤네!"라고 가볍게 말할 수도 있게 되었다.

꿈별이 이야기를 글로 쓰기 시작한 즈음 마침 가까운 도서관에 좋아하던 은유 작가가 강연을 하러 온다기에 아이를 맡기고 달려갔다. 손을 들고 질문하다 눈물을 쏟았다. 은유 작가는 필명을 만들기를 권했다. 아이를 돌보고 가사를 챙기는 자아와 쓰는 자아를 분리하는 게 나에게 더 좋을 거라며, 계속 쓰라고 응원해주었다. 그녀의 조언을 품고 틈틈이 계속 글을 썼다.

꿈별이가 세 살이 되고, 가족이 안정을 찾고 숨 돌릴 틈이 생기자 은유 작가의 글쓰기 강좌를 수강했다. 첫 시간 자기소개를 하면서 "2년 전 작가님의 따스한 조언 덕에 계속 글을 쓸 수 있었다"고 말했다. 은유 작가는 울면서 질문하던 초보 장애아 엄마를 기억하고 있었다. 글쓰기 수업에서 작가와 학인들은 꿈별이 이야기를 따뜻한 시선으로 읽어주었다. 합평을 받으면서 글을 쓰는 건 과분한 경험이었다. 덕분에 더 많은 사람들이 꿈별이 이야기를 읽어주면 좋겠다는 욕심이 생겼고 꾸준히 글을 쓸 수 있게 되었다.

그리고 누구보다 내 손을 오래 잡아준 사람이 있다. 꿈별이를 낳고 매일 울면서 지낼 때, 세상 사람들 다 싫어서 동굴 속에 웅크리고 있을 때, 거기서 충분히 쉬어도 된다고 다독여준 상담사 선생님이다. 양수 검사와 확진 판정 이후 긴급상담을 받기도 하고 남편과 함께 부부상담을 받은 적도 있지만, 장애 인식이나 젠더 인식이 부족한 상담사에게 오히려 상처를 받고는 상담을 그만두었다. 다행히 꿈별이 백일이 좀 지난 후에 만난 상담사 선생님은 나를 다그치지도, 섣부른 조언을 건네지도 않았다. 꿈별이를 데리고 올 수 있게 배려해준 덕분에 일 년 넘게 60회기 동안 개인 상담을 받았다.

상담실 한쪽 구석에 아기 이불을 깔고 꿈별이를 눕혀 놓거나 아기띠로 안은 채 상담을 했다(가만히 누워만 있을 때라 가능한 일이었다). 그녀 앞에서 나는 실컷 울기도 했고, 언성 높여 미운 사람들 흉을 보기도 했고, 도돌이표 같은 하소연을 하기도 했다. 일주일에 한 시간, 무슨 말을 해도 괜찮은, 내 얘기만 실컷 할 수 있는 시간이었다. 판단과 평가 없이 오로지 경청만 하는 상대를 만나는 첫 경험이었다. 원 없이 쏟아내고, 하염없이 공감 받으면서, 나를 돌보고 치유하는 시간을 가질 수 있었다.

그녀는 전폭적인 공감과 지지를 보내주었다. 그 사랑은 정말 따뜻했다. 상담이 이렇게까지 강력한 치유 방법이 될 수 있음을, 그 선생님을 만나기 전까지는 몰랐다. 공감과 지지의 말이 차곡차곡 쌓여서 내가 딛고 설 단단한 땅이 되었다. 세상과 차단한 채 동굴 속에 들어가 있었지만, 그 안에서 두 발을 딛고 일어설 힘을 길렀다. 나를 긍정하고 사랑하게 되는 시간이었다. 꿈별이 덕에 상담을 하면서 오히려 인생을 돌아보고 나를 새롭게 사랑하는 기회를 얻게 되었다.

나를 지탱해준 그들이 있어서 삶을 포기하지 않을 수 있었다. 글을 쓰고 목소리를 낼 힘이 생겼고, 세상에 나를 드러낼 용기가 생겼다. 상담사가 보여준 공감과 경청의 자세와 은유 작가의 감동적인 인터뷰 수업 덕에 소원해졌던 남편의 이야기를 깊이 들어보고 싶다는 마음도 품게 되었다. 혼자라고 생각했던 순간에도 나는 혼자가 아니었다. 보이지 않는 손들이 나를 지켜주고 있었다.

자연주의 육아에서
보통의 육아로

고래를 키울 때와 꿈별이를 키울 때의 나는 완전히 다른 사람이다. 고래를 키울 때는 자연출산, 모유 수유, 천기저귀, 발도르프 육아, 공동육아, 숲 놀이, 미디어와 장난감 없이 키우는 자연주의 육아의 '테크트리'를 착실히 따랐다. '자연주의 육아'라는 학과가 있다면 나는 모든 과목에서 우등생이었을 것이다.

임신 중 운동을 열심히 해서 만삭까지 체중이 6킬로그램만 늘고 예정일에 북한산 둘레길 산행을 할 만큼 체력이 좋았다. 병원 도착 후 40분 만에 소리 한 번 지르지 않고 자연출산의 교과서 같은 출산으로 고래를 만났다. 고래는 울지도 않고 편안하게 세상을 탐색했고 바로 엄마 배 위에서 캥거루 케어를 받았다. 조리원 퇴소와 동시에 밤 기저귀까지 전부 천 기저귀를 사용했고, 완전 모유 수유를 했으며, 천 기저귀는 바로바로 갈아줘야 하기에 아이 엉덩이에 초집중한 결과 배변 타이밍을 알아차리기 시작했다. 생후 4개월부터 대변은 전부 변기에 받았고 '배변 소통'을 통해 기저귀도 되도록 쓰지 않으려 애썼다. 그때 내가 자주 하던 말은 "천 기저귀 쓰는 거 하나도 힘들지 않아요. 왜 아이에게 몸에 안 좋은 일회용 기저귀를 채우나요?"였다. 시간과 체력이 넘쳐서 아이에게 집중하면서, 분유 먹이고 일회용 기저귀 쓰는 사람들을 은근히 비난했다.

　이유식을 유기농 재료로 직접 만들었음은 물론이고 당시 유행하던 '아이주도 이유식'으로 자유롭게 음식을 탐색하게 두기도 했다. 고래는 식이 알레르기가 있어 새로운 재료를 추가할 때마다 살얼음판을 걷듯 조심해야 했다. 나는 전기밥솥을 치우고 매끼 압력밥솥에 새 밥을 지어 대령했다. 돌 지난 다른 아이들이 어른처럼 짜장면, 빵을 먹을 때도 외식조차 꺼리며 집밥을 고집했다. 요리에 소질도, 취미도 없지만 자연식물식 요리를 몇 달씩 배우고, 채식 베이킹도 배워 밤마다 빵 반죽을 했다. 공동육아나 육아 모임에서 다른 엄마들이 간식을 넉넉히 싸 와서 고래에게 주려고 하면 정색을 하고 거절했다. 서운해하는 사람도 있었지만, 나는 알레르기가 있는 고래의 먹을거리를 통제하는 게 지상 최대의 과제이자 사명이라고 여겼다.

텔레비전이나 스마트폰을 보여주면 큰일 나는 줄 알았다. 눈부시고 시끄러운 마트, 쇼핑몰에도 데려가지 않았다. 플라스틱 장난감을 벌레 보듯 했다. 어떻게 하면 아파트 놀이터에서 놀지 않게 할까 궁리하며 산책 코스를 짜서는 매일 국립공원으로, 숲 체험장으로 아이를 데리고 다녔다. 어린이집을 골라서 보내느라 이사까지 했고, 하원 후에도 간식을 싸 들고 숲 체험장으로 가서 저녁까지 아이를 놀렸다. 발도르프 육아에 대해 알게 된 이후로는 관련 책을 읽고 강의를 찾아 듣고, 수공예를 배워 자연물을 이용해 직접 뜨개질이나 바느질로 만든 놀잇감만 아이에게 주었다. 발도르프 교육에서 영유아기 아이들에게 중요하다고 강조하는 리듬생활을 실천하기 위해 생활습관까지 완전히 다 바꿨다.

남편의 해외 발령으로 독박육아가 힘들어지면서 비슷한 육아관을 가진 엄마들을 만나 함께하게 되었지만, 그 와중에도 내가 정한 원칙들은 고집스레 고수했다. 친구 집에 놀러갈 때도 천 기저귀를 싸들고 갔고, 외식을 할 때도 고래 먹을 음식은 따로 싸갔다. 미디어를 전적으로 차단하는 걸 자랑스럽게 생각했고, 발도르프 육아 책을 같이 읽고 공부하는 모임을 만들기도 했다.

"좀 내려놔!"

첫째를 키우면서 수도 없이 들은 말이다. 남편도 없이 독박육아를 하느라 힘들다면서 왜 그렇게 유난이냐고, 원칙대로 해야 한다는 강박을 내려놓고 편하게 육아하라는 조언을 많이 들었다. 지금 내가 생각해도 상종을 하기 싫을 정도로 첫째 키울 때의 나는 유난스러웠다. 신념을 갖고 육아하는 게 잘못된 건 아니지만, 문제는 '내 방식만 옳고 다른 건 다 틀려!'라는 오만함이었다. 좀 내려놓으라는 주변의 조언이 곱게 들리지 않았다. '지금 잘하고 있는데 왜 그만하라는 거지? 이게 맞는데?' 반감만 들었다.

돌이켜보면 육아 친구들 사이에서도 나는 불편한 존재였을 것이다. 건강한 먹거리에 유독 집착했고, 채식을 했기에 함께 갈 수 있는 식당도 마땅치 않았으니. 영상물도 장난감도 차단하고, 키즈카페도 부득이한 경우가 아니면 가지 않았고, 문화센터나 교구, 조기교육에도 다 부정적이었으므로, 그중에 무언가를 하고 있는 엄마들은 나를 피했을 것이다. 다른 집에 가서 아이가 친구 장난감을 같이 갖고 노는 것까지 막지는 않았지만, 플라스틱 장난감이나 반짝이고 소리 나는 놀잇감을 갖고 노는 아이를 보는 내 표정이 좋지는 않았을 것 같다. 이렇게 유별난 사람을 상대하기가 편했을 리 없는데, 그래도 독박육아로 고생한다고 초대해서 밥도 해주고 시간을 함께 보내준 친구들이 새삼 고맙다.

둘째를 키우는 엄마들은 대부분 여유가 넘쳤다. 작은 일에도 예민하게 반응하고 걱정하고 고민하는 나와 달리 대범했다. 아이에게 줘도 되는 것과 안 되는 것에 대해서도 나보다 기준이 느슨했다. 영상 하나 본다고 애 잘못되지 않고, 플라스틱 장난감 좀 갖고 논다고 애 망치지 않는다며 너그럽게 아이들을 대했다. 난 그런 것들이 아이에게 미칠 영향에 신경이 쓰였지만 그 엄마들의 여유로운 태도는 부러웠다. 아이를 키우면서 평정심을 유지할 수 있다니

대단해 보였다. 둘을 낳아보고 알았다. 그들은 여유가 넘쳐서 그렇게 한 게 아니었다는 사실을. 다 챙기고 막을 수가 없어서 포기했다는 것을. 그리고 막상 포기해보니 애가 잘못되지 않는다는 걸 알았기에 안심했다는 것을. 무엇보다 그 과정이 결코 쉽지 않았으리라는 것을 알게 되었다.

둘째에게 모유 수유를 하고, 첫째 밥을 정성스레 차리면서 매일 숲으로 나들이를 갈 체력이 되면 좋았겠지만 난 그러지 못했다. 아침에 고래 도시락을 싸서 어린이집에 등원시킨 후 병원으로 달려가 꿈별이 진료를 보고 검사 받고 돌아오는 차 안에서 눈물을 쏟고, 오후에 고래가 하원하면 다시 둘을 돌보면서 저녁을 차려 먹이고 씻기고 수유하고 재우는 게 일상이었다. 고래를 세 살까지 가정보육하면서 산으로 들로 다니며 자연식물식으로 열심히 차려 먹인 것도, 어린이집을 다니고부터도 하원하고 나면 오후에 공원에서 신나게 몸놀이를 하고 집에 와서 얼른 씻기고 밥 지어 먹이고 일찍 재우던 것도 이제 더는 할 수 없었다.

둘째를 낳은 후 다시 전기밥솥을 샀다. 식기세척기도 렌털했다. 살림에 소질은 없지만 나름 정성을 다했는데, 이제는 그냥 일상이 유지될 만큼만 했다. 그날 입을 옷만 겨우 빨았고, 둘째 천 기저귀도 첫 번째 여름이 지난 후엔 벽장에 넣어버렸다. 고래에게 알레르기마저 없었다면 최소한의 요리조차 안 했을 것이다. 자연주의 육아, 장난감 없는 육아, 미디어 노출 없는 육아, 발도르프 육아…, 그간의 육아 방식을 전부 내려놓아야 했다. 그건 아이와 엄마가 건강하고 다른 데 신경 쓸 필요 없이 자유로울 때나 가능한 방식이었다. 매일 병원에 다니느라 에너지가 방전된 나는 더 이상 고래에게 습식 수채화 판을 펼쳐주거나 숲놀이를 하러 다닐 수가 없었다.

혼자 두 아이를 키우면서 매일 꿈별이 치료실을 다니던 어느 날, 내가 배탈이 났다. 죽을 끓일 기력은 없고, 애들을 데리고 죽을 사러 나갈 엄두가 나지 않았다. 다섯 살 고래를 컴퓨터 앞으로 데려가 처음으로 뽀로로를 틀어줬다. 둘째는 가만히 누워만 있을 시절이라 범퍼 침대 안에 눕혀놓고 혼자 죽을 사러 나갔다. 그 후로는 종종 저녁에 꿈별이 수유하고 재우러 들어갈 때 고래에게 뽀로로 영상을 틀어주기 시작했다. 처음으로 쇼핑몰 문화센터에도 가입했다. 발레복을 사 입혀 키즈 발레 강좌에 들여보내기도 하고, 미술, 음악, 유아 체육 등 여러 프로그램에 데리고 다녔다. 아이에게 필요 이상의 자극을 준다고 문화센터 프로그램에 손을 젓던 나였지만, 잠깐이라도 고래가 즐거울 수 있다면 그게 뭐든 가리지 않고 시켜줬다. 그게 아이에게 좋을 거라 생각해서가 아니라, 아이에게 뭐라도 해줬다고 내 마음의 위안을 얻기 위함이 더 컸다.

육아 원칙을 포기하면서
배운 것

엄마가 열정적으로 육아를 하는 것, 옳다고 믿는 대로 하는 육아를 싸잡아서 비판하려는 것은 아니다. 그 가치를 알기 때문에 나도 그토록 열심히 했다. 내가 지금 반성하는 건 '나는 훌륭한 엄마야', '내가 키우는 방식이 옳아', '다른 사람들은 몰라서 아이를 잘못 키우고 있어'라고 자만하며 타인에 대해 함부로 말하거나 판단했던 지점이다. 그때는 불이 훤히 켜진 마트에서 장을 보고 푸드코트에서 스마트폰 영상을 보여주며 아이 밥을 먹이고, 플라스틱 장난감을 사서 손에 쥐여주고, 들쑥날쑥 귀가해서 아무 때고 아이를 재우는 사람을 보면 애를 망치고 있다고 생각했다.

그런 생각은 꿈별이를 낳은 뒤 바로 나 자신을 공격했다. 고래를 키울 때 했던 과한 노력은 장애를 가진 꿈별이의 병원 뒤치다꺼리를 하면서, 두 아이를 독박육아하면서 도저히 지속할 수 없는 생활방식이었다. 나를 가장 괴롭혔던 건 아이의 장애나 각종 합병증, 냉랭한 남편과의 관계가 아니라 고래를 키웠던 방식으로 꿈별이를 키울 수 없다는 사실이었다. 내가 손가락질하던 바로 그런 육아를 하게 되었다는 게 무엇보다 힘들었다.

꿈별이 물리치료와 작업치료를 위해 플라스틱 장난감에 익숙해지게 만들어야 했고, 힘든 치료 때문에 우는 아이를 달래기 위해 돌도 되기 전부터 스마트폰으로 뽀로로 영상을 틀어주기 시작했으며, 아무리 정성스레 이유식을 만들어도 철분 수치가 오르지 않아 채식 이유식을 포기해야 했고, 육류 냄새도 맡지 못하는 내가 고기 요리를 할 수 없어 이유식을 사다 먹였다. 꿈별이의 일과는 철저하게 병원과 치료실 일정에 맞춰서 돌아갔고, 하루 종일 병원과 차 안에서 자유롭게 움직이지도 못한 채 지내는 게 일상이었다. 그러자니 자연스레 고래는 어린이집에 늦게까지 남아 있게 되었고, 집에서도 방치되는 시간이 많아졌다. 팬한 미안함에 장난감과 스마트폰을 안기는 날이 늘어만 갔다.

몇 년 동안 공들여 쌓아온 육아 원칙은 꿈별이를 낳고 와르르 무너졌다. 처음에는 괴롭고 화가 났다. 육아관을 바꿔야 할 정도로 둘째가 '다른 존재'라는 사실이 절망스러웠다. 장애가 곧 비정상이 아니라는 뜻에서 '정상인-장애인'이라고 말하는 대신 '비장애인-장애인'이라고 지칭하고 통합교육이 옳다고 생각했는데, 돌도 되기 전의 아기를 키우는 방식조차 달라야 한다면 같은 존재가 아닌 건 아닐까, 그야말로 '비정상'인 거 아닐까, 의문이 들었다. 고래에게 신경을 못 써준다고 고래 장난감을 사고, 꿈별이가 치료실에서 만나게 될 장난감들에 익숙해져야 한다고 꿈별이 장난감을 샀더니 알록달록 플라스틱 장난감들이 여기저기 흩어져 있는 '보통의' 애 있는 집이 되었다. 살림은 못해도 아기용품이 미니멀한 게 나름 자랑거리였는데 미니멀 육아, 미니멀 라이프도 끝이 났다.

재활치료를 시작한 초기에는 매일 울면서 운전했다. 애한테 플라스틱 장난감을 주는 게 싫어서. 애를 억지로 묶어놓는 게 싫어서. 울면서 거부하는 아이에게 억지로 동작을 시키는 게 싫어서. 그래도 엄마가 애를 방치해서 치료가 늦어졌다고 말하는 의료진에게 반박할 수 없어서 매일 울면서도 매일 다녔다. 힘든 치료를 받는 꿈별이가 너무 가엾고 철학과 반대되는 육아를 해야 하는 내 처지가 불쌍해서 매일 울었다.

그런데 과연 그런가? 자연주의 육아를 하는 사람들이나 발도르프 교육 전문가들은 아이를 자연에서 자유롭게 움직이게 해줘야 하며 사랑과 따뜻함 속에서 자라게 해주라고 말한다. 그러나 병원에도, 치료실에도 사람이 있고 사랑이 있다. 정말 놀라울 만큼 꿈별이를 사랑해주는 치료사들이 있다. 꿈별이가 병원에서 울기만 하는 건 아니다. 어차피 애는 집에서도 수시로 운다. 꿈별이는 치료실에서 치료사 선생님들이랑 눈 마주치고 까르르 까르르 넘어가게 웃을 때도 많다. '장애 때문에 육아가 엉망이 됐어', '난 불행해'라는 관점에서 벗어나 객관적으로 관찰해보니, 치료실 스탠딩 기구에 묶인 채 서 있는 아이들도 웃으면서 치료받는 날이 더 많다는 걸 알게 됐다. 삭막한 병원 빌딩 안에 입원해 있더라도 보호자가 있고, 정든 의료진이 옆에 있고, 온기를 나누고 같이 웃을 수 있으면 그 사랑이 아이를 키운다. 사람이 내뿜는 에너지는 답답한 치료실 안에서도 아이를 즐겁게 만든다.

뽀로로를 보면서 몸을 흔들고, 플라스틱 장난감을 물고 빨고, 보조기기에 의지해서 한 발 두 발 걸음을 떼는 꿈별이를 바라보는 지금의 내 마음이, 고래를 키우며 세상에 좋다는 걸 다 해주고 세상 나쁘다는 걸 다 차단하던 때보다 훨씬 편안하다. 육아 5년 차에 나는 마침내 보통의 육아를 시작한 셈이다.

보통의 육아를 해보니 큰일 나지 않았다. 그런 자극들이 아이에게 엄청난 해를 끼치지도 않았다. 나는 조금 더 편해졌고 숨통이 트였다. 남편 없이 비장애인 첫째와 장애를 가진 둘째를 혼자 키우면서 매일 병원에 다니는 일상은 그냥 생존하기 급급할 만큼 힘겨웠다. 신념, 가치, 다 좋지만 생존에 우선하는 게 있을까. 엄마의 에너지가 방전된 사이 아이가 장난감을 갖고 놀면서 즐거울 수 있다면, 뽀로로 영상을 보며 웃을 수 있다면 그게 그렇게 나쁠까. 엄마가 아파서 골골대는 중에 배달 음식으로라도 아이가 배를 채울 수 있으면, 맛있다고 만족할 수 있으면 그것도 감사한 일 아닐까. 나는 그제야 남의 육아를 함부로 판단해 선 안 된다는 걸, 육아만큼은 누가 더 잘하고 못하고가 없 는 문제라는 걸 깨달았다. 나와 다른 방식의 육아를 함부 로 평가하고 판단했던 지난날이 부끄러워졌다.

자연주의 출산도 자연주의 육아도, 나와 아이가 건강했 기에 할 수 있었던 감사한 상황일 뿐, 내 노력 덕분이 아니 었다. 나와 아이가 건강하고 에너지가 넘칠 때 유기농 자 연식으로 밥을 해 먹고 국립공원에서 숲 육아를 하고, 미 디어와 장난감 없는 자연주의 육아를 하면서, 운이 좋았 던 걸 내가 잘난 걸로 착각했다. 참으로 오만하고 교만했 다. 장애아와 비장애아를 독박육아하면서 하루하루 버티 고 있는 나에게 누구도 손가락질할 수 없는 것처럼, 나 역 시 남의 육아를, 타인의 삶의 방식을 함부로 판단해서는 안 된다는 것을 이제는 안다. 세상에 완벽하게 옳은 육아 방식이란 없다. 학대가 아닌 이상 세상에 완벽히 나쁜 육 아 방식도 없다. 저마다 처한 상황에서 할 수 있는 만큼 하 면 된다.

처음 육아 원칙을 내려놓게 되었을 때는 자연주의 육아 를 지속하는 친구들이 다 꼴 보기 싫었다. '너도 내 상황

돼봐라' 하며 눈을 흘겼다. 아이에게 정성스레 놀잇감을 만들어주는 친구를 보면서, 아이와 자연 속에서 뛰어노는 친구를 보면서, 아이에게 아름다운 음악을 들려주는 친구를 보면서 '할 수 있으니까 하는 거지'라고 속으로 볼멘소리를 했다. 그런데 그 '할 수 있으니까 하는 것'이라는 말은 반복할수록 내게 통쾌함을 줬다. 누군가가 어떤 일을 할 수 있어서 하는 거라면, 내가 못 하는 건 못나서가 아니라, 할 수 없기 때문이다. 할 수 있으면 하면 되고, 할 수 없으면 안 해도 된다. 그렇게 생각하니 마음이 편해졌다. 해야만 하는 건 없다. 고래 때는 사명감에 가득 차서 비장하게 육아를 했다면, 지금의 나는 뭐든 할 수 있는 만큼만 한다. 정해둔 원칙 같은 건 이제 없다.

꿈별이와 비슷한 시기에 태어난 다운증후군 친구가 있었다. 무럭무럭 잘 크던 어느 날, 그 아이는 급성 백혈병 진단을 받았고, 코로나 시국에 입원하는 바람에 병원 밖은 커녕 복도에도 나가지 못하고 좁은 병실 안에서 어린이용 동영상을 보면서 하루를 보냈다. 그래도 아이는 엄마를 보고 햇살보다 환하게 웃었다. 육아 전문가, 장애 전문가, 특수교육 전문가, 의료진, 그 누가 온다 한들 병실에서 아이에게 과자 쥐여주고 동영상 보여주는 엄마에게 그러면 안 된다고 말할 수 있을까? 그 친구의 일상을 전해 듣고 매일 건강해지길, 하루빨리 퇴원하길 기도하면서 나는 육아 원칙, 육아 철학이라는 말이 얼마나 허울 좋은 껍데기인지 깨달았다. 엄마가 아이에게 주는 건 사랑이면 충분하다. 아이는 사랑받으려고 세상에 온 것이지, 어떤 이상을 실현하거나 특정한 방식의 교육이나 치료가 효과적임을 입증하려고 온 것이 아니다.

꿈별이를 낳고 두 아이의 엄마가 되면서 나는 비로소 겸손을 배웠다. 자연주의 육아를 버리는 동시에 오만함도 비웠다. 발도르프 육아를, 미니멀 육아를 포기하면서 교만도 내려놓았다. 난 '좋은 엄마' 되기를 멈추고 그냥 '엄마'만 하기로 했다. 꿈별이를 통해 전에는 알지 못했던 넓은 세상을 만나게 됐다. 육아란 나의 노력만으로 되는 일이 아님을, 꿈별이를 만나며 더 깊이 이해하게 되었다. 스스로 옳다고 믿던 것에 의문을 품게 되었고, 진짜 중요한 것이 뭘까 스스로 질문하게 되었다. 나는 비로소 자유로운 엄마가 되었다.

4
—
더 예민하게,
더 유연하게

확실한 건 꿈별이를 만나기 전보다 지금이 훨씬 좋다는
사실이다. 나는 조금 더 겸손해졌고, 남편은 조금 더 솔직해졌고,
고래는 세상이 자기만을 위해 돌아가지 않는다는 걸 배웠다.
꿈별이가 열어준 세상을 살며 우린 매일 조금씩 더 나은
사람이 되고 있다. 그래서 더 어려운 일이 와도 괜찮을 거란
희망도 품게 됐다.

장애아 부모들의 연대

"오늘 엄청 춥대. 따뜻하게 입어!"

영하로 내려간다는 날씨 예보를 보고 등원 준비하는 첫째에게 잔소리를 했다. 나도 내복을 받쳐 입고 롱패딩을 걸쳤다. 고래에게 목도리를 둘러주고 장갑까지 챙겨서 등원 차량에 태워 보낸 뒤 서둘러서 꿈별이와 복지관에 갔다. 재활치료를 받고 나와 꿈별이까지 어린이집에 데려다주니 점심시간이 되었다. 날이 추워서 뜨끈한 국물 생각이 절로 났다. 집 근처 콩나물 국밥집으로 향했다.

주문을 하고 국밥을 기다리며 스마트폰으로 SNS에 접

속했다. 팔로우 중인 '전국장애인부모연대' 페이지에 새로운 글이 올라와 있었다. 발달장애인 지원 예산과 활동 보조 서비스를 확충하라고 지속적으로 요구했지만 받아들여지지 않아 결국 국회 앞에서 단식 농성을 시작했다는 소식이었다. 부모들은 어림잡아도 50대 후반에서 60대 정도로 보였는데 이 추운 날 밖에서 농성을, 그것도 끼니조차 챙기지 못하면서 하다가 건강이 상하진 않을까 걱정이 됐다. 때마침 주문한 국밥이 나왔다. 선배들이 이 추위에 단식을 하는데 나는 뜨거운 국밥을 먹겠다고 따뜻한 식당에 앉아 있다니, 부끄러움에 잠시 망설였지만 5분도 채 되지 않아 숟가락을 들고 먹기 시작했다.

정신없이 한 그릇을 다 비운 후에야 자기 환멸이 밀려왔다. 나 살겠다고 이렇게 밥을 챙겨 먹었구나. 그분들의 단식 농성으로 발달장애인 지원이 늘어나면, 그 혜택은 고스란히 내 아이와 우리 가족이 받을 텐데. 죄스러운 마음에 다시 SNS에 접속해서 게시물을 공유하고 링크를 복사해서 내가 속해 있는 단체 채팅방 여러 곳에 올렸다. 여기저기 퍼다 나르면 죄책감이 덜어지기라도 하는 듯, 추운 날 단식 농성 중인 발달장애인 부모들이 있다는 사실을 떠올려 달라고 사람들에게 호소했다. 일상을 이어갈 수밖에 없는 변명도 덧붙였다. "아이들이 아직 어려서, 저는 온 힘을 쥐어짜 아이 둘을 돌보는 중이라 시위에 참여하지는 못합니다"라고.

코로나19가 시작된 뒤 잊을 만하면 한번씩 발달장애인 사망 뉴스가 전해졌다. 코로나 시국에 복지관이나 센터가 문을 닫고 지원 프로그램이 취소되자 발달장애인 돌봄은 고스란히 가족의 몫이 되었다. 돌봄 부담과 생활고로 끝이 보이지 않는 터널이 계속되자 생의 희망을 놓아버린 부모가 남겨질 자식을 먼저 죽였다. 시설에서 학대를 당하거나, 사람들을 피해 야외로 나갔다가 실종되어 결국 주검으로 돌아온 발달장애인도 있었다. 그런 소식을 들을 때마다 두려움에 몸서리쳤다. 매일 재활치료실에 다니고, 종합병원에서 정기적으로 진료를 받으면서 애지중지 아이를 키워서 맞이할 미래가 '죽음'이라고 생각하니 끔찍했다.

전국장애인부모연대에서는 발달장애인과 그 가족들의 죽음을 추모하고, 발달장애인 정책 예산을 쟁취하기 위해 단식 투쟁에 나선 것이었다. 발달장애인 가족의 죽음은 안타까운 뉴스로만 소비될 뿐, 정부에서는 생활 실태 조사조

163

차 한 적이 없다. 발달장애인 지원 서비스는 낮 동안 6시간만 지원될 뿐, 나머지 시간은 오롯이 가족이 책임져야 한다. 발달장애인 가족은 생계와 일상을 포기하거나, 당사자를 사회에서 격리시켜 시설에 맡기기를 선택한다. 장애인 활동보조 서비스는 만 6세가 되어야 받을 수 있기에 아직 세 살인 꿈별이를 치료실로 데리고 다니는 일은 전부 내가 도맡아서 하고 있다. 둘째까지 좀 키워놓고 다시 일을 하고 싶었는데, 둘째의 장애를 안 순간 일 욕심을 접었다. 발달장애 자녀를 둔 엄마들이 쓴 글을 모은 책 『오늘을 견디며, 사랑하며』에는 아이의 장애를 알고 회사를 그만뒀다는 사연이 여럿 나온다. 엄마라는 이유로 커리어도 꿈도 포기하고 아이의 치료와 돌봄에 매달렸는데, 홀로 아이를 책임지는 나날이 끝도 없이 이어질 거라 생각하면 누가 견딜 수 있을까.

발달장애 국가 책임제를 도입하라고 선배 부모들이 싸우는 동안, 나는 불편한 마음으로 일상을 살았다. 매일 아침 꿈별이를 데리고 재활치료실에 가고, 고래 어린이집 등하원을 시키고, 밥을 차리고 살림을 했다. 삼시 세끼 꼬박꼬박 먹고, 따뜻한 옷을 챙겨 입고, 난방을 틀고, 솜이불을 덮은 채 잠을 잤다. 그러면서도 평소보다 더 자주 추위에 대해 생각했다. 치료실을 오가며 끼니가 늦어질 때면, 아이를 안느라 허리가 아플 때면, 종일 아이들을 돌보느라 피곤이 가시질 않을 때면, 추운 겨울날 국회 앞에서 단식 중인 나이 든 선배 부모들을 생각했다. 그렇게 한 주를 보냈다.

다행히 국회에서 성인 발달장애인 주간 활동 서비스 시간을 8시간으로 늘리는 법안이 통과되어 부모연대의 단식 농성은 9일 만에 끝이 났다. 비록 예산 확보와 24시간 활동 지원은 좌절되었지만 "이렇게 한 걸음 더 가까이, 24시간 지원 체계로" 가면 된다고 부모연대에서는 보고대회를 했다. 나는 투쟁 결과보다 선배 부모들이 단식 농성을 멈췄다는 사실이 더 기뻤다. 이러다 누구 하나 잘못되면 어떡하나, 매일 마음을 졸였는데 다행이었다. 요구가 다 받아들여지지 않았지만 좌절하기보다 이렇게 조금씩 바뀌나가면 된다고 말하는 것에도 깊은 감명을 받았다. 차별로 가득한 세상에서 장애 아이와 함께 살면서 어떻게 이렇게 낙관적일 수 있는지 놀랍기도 했다.

다시 한 주가 시작되고 평소처럼 복지관을 찾았다. 성인이 된 자녀를 데리고 복지관에 온 노년의 양육자들을 보며 20년 후 내 미래를 그려봤다. 그때도 지금처럼 차를 몰고 복지관에 꿈별이를 데리고 와야 할까? 프로그램에 잘 참여하는지 마음 졸이며 기다려야 할까? 그 사이 발달장애인 국가 책임제가 자리 잡아서 아이는 아이대로, 나는 나대로 사회 구성원으로 몫을 하면서 살 수 있으면 좋겠다. 그런 세상을 만들기 위해 나이 든 부모가 차가운 길바닥에서 밥을 굶지 않아도 되면 더욱 좋겠다.

평범하다는 것이
뭘까

4 - 더 예민하게, 더 유연하게

"다운은 그래도(그나마) 괜찮잖아."

"우리 애가 꿈별이만큼만 하면 소원이 없겠어."

중증장애를 가진 아이를 키우는 양육자들에게 들은 말이다. 꿈별이는 두 돌 지나 심한 지적장애로 판정받았지만 '그래도 괜찮은 편'이라고, 다른 장애아 엄마들이 부러워한다. 블로그나 SNS에 힘들다고 하소연을 올리면 "장애아한 명 키우잖아요. 우리 애들은 둘 다 장애인인데…" 하는 이들도 있다.

비장애 아이만 키우는 데다 장애 인식도 부족해서 섣부

른 동정을 표하거나 무조건 대단하다고 나를 추켜세우는 것도 불쾌하지만, 장애아 양육자끼리 서로 누가 더 낫네, 무슨 장애는 양반이네, 하는 것도 불편하긴 마찬가지다. 장애인의 권익을 위해 힘을 합쳐도 모자랄 판에 장애인 부모들끼리 장애의 종류와 정도를 두고 급을 나누고 불행을 경쟁하다니. 꿈별이처럼 유전자 이상으로 생김이 다르거나 신체장애가 있는 아이를 둔 양육자는 '멀쩡한' 신체를 가진 자폐 등 정신장애 아이를 키우는 양육자를 부러워하고, 자폐아를 키우는 양육자는 누가 봐도 장애인임을 알 수 있는 외모라서 동정이라도 받아봤으면 좋겠다고 말하기도 한다.

장애를 가진 아이를 돌보고 치료를 다니는 게 힘들지만 '보란 듯이 잘 키울 거'라거나 '꼭 걷게 하고야 말겠다'고 결심하는 양육자들이 많이 있다. 힘겹게 치료를 다니는 이유는 '비장애인처럼' 걷고 말하고 행동하게 만들기 위해서다. 다운증후군을 가진 다른 아이는 발달이 느릴지 몰라도 내 아이는 좀 다를 거라고 믿고 싶은 마음이 내게도 있었다. 꿈별이의 발달이 매우 처지는 걸 확인한 후에야 그 기대를 내려놓았다. 지금도 복지관에서 "꿈별이가 말을 잘 알아듣는 것 같다"라는 말을 들으면 혹시 인지력은 괜찮은 편이 아닐까 희망에 부풀기도 한다. 치료실 오가는 고속도로에서 통행료 할인을 받기 위해 매번 '중증 지적장애' 복지카드를 내밀면서도 아이의 인지발달이 뒤처지지 않길 기대한다.

다운증후군을 가진 성인이나 그의 가족이 운영하는 SNS 계정, 유튜브를 팔로우하며 자주 들여다본다. 꿈별이가 크면 어떤 삶을 살게 될지 궁금해서다. 아직은 지나치는 사람들이 꿈별이의 장애에 주목할 일이 별로 없다. 유아차에 앉아 양말을 벗어 쪽쪽 빠는 꿈별이를 보고 귀엽다고 손을 흔들어줄 뿐이다. 종합병원과 치료실에 다니는 일상이 힘겨울 뿐, 아이의 장애를 피부로 느끼는 일은 많지 않다. 지금은 그저 귀여운 아기인 꿈별이가 학교에 가고, 사회에 나갔을 때 차가운 시선을 만나게 되지는 않을지, 고유한 시민으로 존중받을 수 있을지 생각하면 막막하고 두렵다.

외국의 뉴스나 SNS 계정에서는 다운증후군을 가진 사람이 유명 브랜드의 모델이 되었다거나, 철인3종 경기에 출전해 장애인 최초로 완주했다거나, 일일 기상캐스터가 되어 카메라 앞에 섰다는 등의 소식을 볼 수 있다. 그런 소식을 보면 '꿈별이의 미래에 한계를 짓지 말자!'라며 희망에 찬다. 국내에서도 수차례 전시회를 열고 책도 펴낸 정은혜 작가의 활동이나 장애인무용단 '빛소리'의 활동을 눈여겨보며 꿈별이에게 예술교육을 시킬까 생각하기도 한다. 내가 멋지다고 생각하는 그들의 활동은 비장애인에게도 흔치 않은 일, 매우 어려운 일이다. 그렇기에 장애 극복 서사로 대중 매체의 뉴스거리가 된다. 아이의 미래가 두려운 나는 '장애인임에도 불구하고 이렇게 멋지게', '장애를 이겨내고 이렇게 훌륭하게', '장애가 있지만 이렇게 행복하게'라는 서사를 쏙쏙 골라내어 취했다.

장애아 양육자끼리 서로의 고됨을 비교하고 경쟁하는 것도, 장애 극복 서사에 목을 매는 것도 전부 장애가 없는 상태를 '절대 선'으로 전제하기 때문이다. 비장애라는 이상을 맨 위에 두고 거기에 조금 더 가까우면 더 나은 것으로, 거리가 멀게 느껴지면 더 불행한 것으로 느낀다. 장애인 양육자라 해도 비장애인으로 살아온 세월이 길기에 뼛속까지 비장애중심주의가 새겨져 있다. "아이를 믿어주라", "뭐든 할 수 있다"는 말들은 언뜻 긍정적인 말로 보이지만 그 안에 담긴 메시지는 '있는 그대로의 너로는 부족하다'며 아이의 존재를 부정하는 것이다. 더 나아질 것, 즉 비장애인에 가까워질 것을 기대하며, 장애를 극복할 수 있다고 요구하는 것이나 다름없다.

비단 장애아 양육자만의 문제는 아니다. 꿈별이가 생후 3~4개월밖에 되지 않았을 때 대학병원 유전학과 교수는 "나중에 크면 성형수술 해주세요"라고 말했다. 눈매가 너무 '다운' 같으니까 답답해 보인다며. 태어난 다음 날 생사를 건 수술을 받고, 앞으로도 여러 수술을 앞두고 있는 아기에게 외모 지적을 하는 사람이 국내 단 세 곳밖에 없는 대학병원 유전학과 교수라니. 치료실에서도 "다운 애들이 고집이 세다"는 말을 듣고, 복지관에서도 "장애아 양육자들이 너무 허용적이라 애들이 나중에 기관에 가면 문제를 일으킬 수도 있다"는 말을 듣는다. 육아서에 나오는 '단정적인 말로 아이를 판단하지 말라'는 말은 장애 아이에게는 해당이 안 되는 걸까. 다운증후군을 가진 아이들도 성격과 성향이 천차만별인데 너무나 자주 '다운 아이들은 이래'라는 말로 묶여버린다.

자주 만나는 권위 있는 전문가들의 메시지가 이렇다 보

니 양육자는 더욱 아이를 재단하게 된다. "저런 행동은 너무 다운 같지 않나?", "우리 애만 너무 뒤처지는 게 아닐까?" 하며 조급해하고 "저 친구는 별로 다운 안 같이 생겨서 예쁘네", "우리 애는 다운 중에는 빠른 편이지"라며 '다운증후군 같지 않음'을 경쟁하기도 한다.

그런가 하면 발달장애 특성을 이해하고 그에 맞는 지원을 해줘야 한다고 말하는 전문가들도 공통적으로 '부모의 역할'을 강조한다. 장애를 극복하라고 말하는 쪽에서는 치료를 열심히 해주라 하고, 장애를 있는 그대로 수용하라고 말하는 쪽에서는 엄마더러 공부하라고 한다. 치료에 매진해서 아이를 비장애인처럼 만들려고 애쓰지 말고 차별적인 사회를 바꾸기 위해 투쟁하라는 이들도 있다. 나는 꿈별이 돌보며 병원 데리고 다니기도 힘든데 해야 할 일도, 하지 말아야 할 일도 너무 많고, 알아야 할 것도 넘쳐난다. 정신없이 정보를 찾아보고 아이를 이리저리 데리고 다녀서 기진맥진하면 또 비장애 형제에게 사랑과 관심을 줘야 하며 집밥도 잘 해줘야 한다는 조언이 쏟아진다.

내가 글을 쓰기 시작한 후 남편은 왜 꿈별이의 장애를 앞세우냐며 "평범하게 살면 되지"라고 말했다. 장애를 가진 아이가 태어났지만 다니던 회사를 매일 출퇴근하는 남편의 일상에는 큰 변화가 없어서 못 느끼는 걸까. 난 고래를 키울 때와 꿈별이를 키울 때의 삶이 완전히 다르다. 매일 재활치료실에 다니는 삶이 어떻게 평범할 수 있을까. SNS에 올린 내 하소연에 "저는 아이에게 장애가 있어도 평범하게 살고 있어요"라고 댓글을 남긴 사람이 있었다. 애초에 평범은 뭘까. 아이에게 장애가 있다는 사실을 알게 된 후에 깨졌다고 느끼는 그 평범이란 대체 뭐였을까. '평범'이나 '행복'이라는 개념이 대체 뭐기에, 장애가 있어도 가질 수 있다고 주장하거나 가지려고 애쓰는 걸까. 내가 장애 아이를 돌보는 일상에 대해 말하고 글을 쓰면 '평범'을 위협하는 걸까. 평범이란 고통이나 불만을 허용하지 않는 상태인가.

우리가 사는 세상은 복잡하고 모순으로 가득하다. 주류에 속해 있을 때는 느껴지지 않던 것들이 그 바깥으로 튕겨져 나오는 순간 새삼스럽게 드러나곤 한다. 장애아를 키우는 양육자는 비장애 아이를 키우는 경우에 비해 훨씬 더 많은 갈등 상황과 상반되는 메시지의 폭풍우 속에 놓인다. 일상이 고되기에 조금만 뾰족한 말에도 상처를 입고, 날을 세우며 방어 태세를 취한다. 나는 누가 비장애 아이를 키우면서 힘들다고 말하면 화가 나고, 금세 낫는 질환에 호들갑을 떠는 게 고깝게 보이고, 신념과 철학으로 아이를 양육한다고 하면 팔자 좋다는 생각이 든다. 발달장애에 여러 합병증을 동반한 꿈별이를 키우고 있는 내 솔직한 심정은 그렇다.

두 명의 장애아를 키우는, 꿈별이보다 더 심한 장애나 난치병을 가진 아이를 키우는, 경제적으로 더 궁핍하고 주변에 도와줄 사람이 없는 누군가가 나한테 와서 "그래도 넌 복 받은 줄 알아"라고 한들 내 힘듦이 사라지는 것은 아니다. 마찬가지로 내가 힘들다고 건강한 비장애인 가정에 무슨 고통이 있겠냐고 함부로 판단해선 안 된다. 누구나 자기가 제일 힘들다. '남의 떡이 더 커 보인다'는 속담이 왜 있겠는가. 내가 아파 죽겠는데 옆 사람의 상처에 공감해주기란 어렵다. 같이 육아하던 친구들을 피한 이유 중에 하나도 그것이다. 비장애 아이를 키우는 친구들에게 사사건건 "너는 복 받은 줄 알아"라고 말하고 싶지 않았기 때문이다.

타인의 행불행을 멋대로 판단하고 비교하지 말자고 다

짐한다. 내 마음이 더 단단해지고 넓어지도록 잘 다스리면서 자중할 테니, 부디 나를 만나는 사람들도 "꿈별이 정도면 괜찮지"라든가 "나는 더 힘들어"라는 말을 하지 않았으면 좋겠다. 서로에게 숨 쉴 틈 좀 주자.

자기 속도대로
크는 아이

하루는 발달장애 전문가의 SNS에 이런 글이 올라왔다.

"발달장애를 가진 아이들은 느리게 크는 아이가 아닙니다. 시간이 아무리 걸려도 '정상 발달'은 할 수 없으므로 느리다는 말은 정확한 설명이 될 수 없습니다."

항상 꿈별이가 느리게 크는 아이라고 생각했던 터라 충격을 받았다. 그리고 곧 슬퍼졌다. 아무리 오래 기다려도 끝내 '정상 발달'을 할 수 없다는, 인정하고 싶지 않아서 외면하던 사실을 직면하게 되었기 때문이다. 꿈별이는 4개월에 뒤집고, 13개월에 배밀이를 하고, 18개월에 혼자 앉았으며, 27개월에 네 발 기기를 시작했고, 33개월에 혼자 서기 시작했지만 세 돌이 넘을 때까지 걷지도 못했다. 지금 네 살이지만 말할 수 있는 단어도 거의 없다.

뒤집고, 기고, 앉고, 걷는 동작은 느리더라도 할 수 있었다. 더 기다리면 말도 할 수 있을 것이다. 그러나 지적장애 '매우 심함' 등급을 받은 꿈별이는 학교에 가도 또래들의 학업 성취도를 따라갈 수는 없을 것이다. 비장애 아이들이 열 살에 하는 걸 꿈별이가 스무 살 된다고 할 수 있는 게 아닌 거다. 발달장애를 가진 아이의 발달은 속도도 다르지만, 도착지도 비장애 아이들과 다르다. 느리기만 한 아이가 아니라 전혀 다른 방향으로 커갈 거라는 사실에 새삼 마음이 아팠다.

잠복고환 수술 후 오랜만에 찾은 치료실에서 꿈별이가 한 발 한 발 신중하게 발을 디디며 걷기 훈련을 받았다. 앞에 서서 손뼉을 치며 응원하다가, 온 마음과 힘을 다해서 한 걸음씩 내딛는 꿈별이의 모습에 울컥, 목구멍이 뜨거워졌다. 다른 아이보다 느리면 어때, 영영 다른 아이처럼 하지 못하면 어때. 꿈별이는 자기 길을 갈 뿐이다. 비교하지 말라는 판에 박힌 말로도 떨치지 못했던 마음이 꿈별이의 위태로운 걸음을 보는 순간 녹아내렸다.

꿈별이는 자기가 또래보다 얼마나 느린지 신경 쓰지 않는다. 얼마나 예쁘게 걷는지, 상위 몇 퍼센트의 속도로 걷는지 괘념치 않는다. 꿈별이는 그저 자기 자신이 할 수 있는 만큼 걸을 뿐이다. 불혹의 엄마는 매일 다른 사람과 비교하고 자책하며 괴로워하는데, 11개월 발달을 보이는 네 살 꿈별이는 오직 자신에게만 충실하다. 꿈별이는 꿈별이 그 자체로 완벽한데, 내가 이 아이에게 뭘 더 바란다는 건 그저 욕심일 뿐이다.

신생아 집중치료실에 면회를 다니던 어느 날, 어린이병동 1층에서 덩치 큰 어린이를 아기띠로 안고 있는 보호자를 봤다. 아이 머리가 보호자의 눈을 가릴 정도로 높이 올라와서 앞이 잘 안 보이는 듯했고, 아이의 발은 보호자 무릎까지 내려와 있었다. '저렇게 큰 애를 왜 안고 있지? 못 걸으면 휠체어나 유아차에 태우면 될 텐데 왜 힘들게 안고 있을까?' 이런 생각을 하며 지나쳤는데, 요즘 네 살 넘은 꿈별이를 안고 치료를 다니다 보면 그 장면이 자꾸 생각난다. 누군가 꿈별이를 안고 앞을 보기 위해 고개를 옆으로 빼고 있는 나를 본다면, '저렇게 큰 아이를 왜 안고 다니지?' 생각할 것 같다. 유아차를 차 트렁크에서 꺼내서 펴고, 아이를 카시트에서 옮겨 앉히고, 벨트 채우느라 실랑이할 시간이 없을 때, 후딱 아이를 데리고 치료실이나 병원에 들어가야 할 때는 안고 뛰는 게 제일 빠르다. 3년 전, 다 큰 아이를 안고 있던 보호자가 이제야 이해된다.

흔히 사람들의 초보 시절을 비유할 때 '걸음마 단계', '돌쟁이 수준'이라는 말을 많이 하는데, 느리게 크는 아이를 키우는 나는 그런 일상적인 표현들도 불편해졌다. 꿈별이 4개월쯤, 아기띠로 안고 종합병원 재활치료실에 치료 대기 신청을 하러 갔다. 서너 살쯤 되어 보이는 아이들이 울면서, 때로는 땀을 뻘뻘 흘리면서 서고 걷는 훈련을 하는 것을 보며 내심 '저때까지 못 걷지는 않겠지. 다운증후군 아이들은 돌 지나서 걷는 경우도 있다고 하니까'라고 생각했다. 서지 못하는 아이를 억지로 세워놓는 치료 기구를 8개월에 이용하기 시작했는데, 아이 키가 기구 이용 범위 최대치에 가까워질 때까지 2년 넘게 이용했다.

다운증후군 아이들 중에도 신체발달이 크게 뒤처지지 않는 아이들이 있다. 돌이 지나서 걷기 시작하고 또래들과 같이 가방 메고 걸어서 어린이집을 다니고, 소풍을 가는 아이들도 있다. 달려가거나 높은 곳에서 뛰어내려 엄마 가슴을 철렁하게 하는 서너 살 된 아이들도 있다. 꿈별이보다 더 늦게 태어난 아이들도 대부분 걷는데 꿈별이는 같은 해 태어난 다운 아이들 중에서 제일 늦었다. "꿈별이도 곧 걸을 거예요." 위로해주던 다른 엄마들도 그 말을 멈춘 지 일 년이 넘었다. 어쩌면 네 살이 되어도 못 걷는 다운증후군 아이들이 내 생각보다 많을 수도 있다. 단톡방에는 주로 발달이 빠른 아이들 이야기가 많이 드러나기에 굳이 말을 하지 않는 걸지도 모른다. 처음 아이의 장애를 알고 슬픔을 나눌 때는 많은 의지가 되었지만, 또래 비장애 아이들은 물론이고, 다운증후군 아이들도 다 하는 발달과정을 꿈별이는 못하는 일이 반복되니 언젠가부터 SNS 글을 자세히 읽지 않게 되었다. 비장애 아이만 키우는 엄마들 소식을 피하듯이.

한 살에 물리치료를 시작한 이후로 꿈별이는 정말 고되게 훈련을 받았다. 눈물, 콧물, 침 범벅이 되어 나에게 도와달란 눈빛을 발사하는 꿈별이를 지켜보며 입술을 깨물다 울어버린 날이 셀 수 없이 많았다. 너무 괴롭고 아프고 힘든데 왜 엄마는 나를 구해주지 않지? 왜 나를 아프게 하는 어른들 손에 맡기는 거지? 왜 매일 나를 차에 태워 힘들게 하는 곳으로 데려오는 거지? 꿈별이가 그렇게 엄마를 원망할까봐 나를 향해 애원하는 그 눈을 피해버린 날도 많았다.

고통스러워하는 꿈별이를 보면서 대체 걷는 게 뭐라고, 이렇게까지 아이를 힘들게 해야 하나 의문이 들었다. 꿈별이가 걷기를 바라는 건 내 욕심이 아닐까. 이제 막 세상에 온 아이가 바라는 건 따뜻하고 편안한 공간에서 먹고 자고 놀면서 사랑받는 것일 텐데, 나는 왜 아이의 하루를 눈물과 비명으로 채우고 있을까. 그런 생각이 들 때면 모든 재활치료를 다 중단하고 싶다가도 "엄마가 치료를 너무 늦게 시작해서 아이가 느리다"거나 "엄마가 집에서 운동을 많이 안 시켜서 발달이 느리다"는 의료진의 피드백을 들을 때면 종합병원 대기가 풀릴 때까지 손 놓고 집에만 있었던 게 후회됐다. 치료 기회를 제대로 제공하지 않았다는 것과 아이를 아프고 힘들게 하고 있다는 이중의 죄책감이 매일 날 괴롭혔다.

세 살이 되어 어느 날 꿈별이가 자신의 힘으로 두 발짝 걸었을 때 SNS에 "드디어!!!!"라고 올렸다. 축하와 응원의 댓글을 많이 받았다. 이제 곧 잘 걸을 거라고 말한 사람도 있었다. 비장애 아이들은 걸음을 떼기 시작하면 금세 잘 걷게 되지만, 꿈별이는 두 발짝을 떼고 세 달이 지난 후에도 겨우 서너 발짝을 뗄 수 있었을 뿐이다. 그나마도 하루 한두 번 정도. 세 돌이 훌쩍 지났지만 도움 없이 걷는 데까지는 아주 많은 시간이 필요할 것 같다.

다행인 건 혼자 힘으로 몸을 일으켜 서거나 걸음을 뗐을 때 꿈별이가 매우 즐거워하면서 성취감을 느낀다는 점이다. 두 발로 지탱하고 상체를 일으켜 일어선 자세가 되면 세상 의기양양한 표정으로 주변을 둘러보며 당당히 박수를 요구한다. 내가 환호하며 물개박수를 치면 자랑스러운 얼굴로 웃는다. 몇 걸음을 걷고 엉덩방아를 찧은 후에도 마찬가지다. 앉아서 힘차게 손뼉을 치면서 내 호응을 유도한다. 역시 물개박수와 하이톤 함성으로 답하면 뿌듯해한다. 늦었지만, 서고 걷는 게 힘들고 아픈 일이 아니라 즐겁고 신기한, 성취감을 주는 행동으로 느끼고 있는 것 같아 정말 고맙다. 고된 치료를 받는 사이 엄마를 미워하게 되진 않을까 걱정했던 것처럼, 서고 걷거나 몸을 움직이는 자체를, 손을 움직여 작업을 수행하는 것을 싫어하게 될까 우려됐다. 강압적인 치료 때문에 자연스럽게 해야 할 일들을 숙제처럼 하게 될까 걱정이었는데 한 짐 덜었다.

꿈별이를 오래 돌봐준 물리치료사가 얼마 전 아이를 흐뭇하게 바라보며 "정말 많이 컸어요. 누워만 있었는데 이제 걷겠다고 일어서고…"라고 말하기에, 내가 "다운증후군이라도 돌 지나 걷는 아이들이 많은데요, 뭐" 했더니, "꿈별이는 발바닥 아치가 무너지고 발목 관절이 약해서 보조기기가 필요할 만큼 신체적으로 어려움이 많지만 그런데도 이렇게 일어서서 걸으려고 하는 거잖아요. 저는 그게 너무 대단한데요"라고 말했다. 너무 오랫동안 꿈별이가 못하는 것에만 초점을 맞춰서 그런지 아이의 작지만 큰 성장에, 주변의 축하와 격려의 말에 순수하게 기뻐하지 못했다. 치료사의 말을 듣고 나니 정말 그랬다. 다른 아이들보다 많이 느리지만, 여러 가지 어려움을 가지고 있지만, 그럼에도 불구하고 일어서서 걷겠다고 용쓰는 게 얼마나 대견하고 고마운 일인가.

한편으로는 이렇게 기뻐해도 되는 걸까 죄책감이 들기도 했다. 걷는 건 너무도 당연해서, 통과의례를 조금 늦게 겪은 양 이렇게 안도하는 게 괜찮은 걸까. 고등학교를 졸

업하면 교육 문제에 관심이 없어지는 것처럼, 꿈별이가 잘 걸어서 물리치료를 종결하게 되면 그동안의 시간은 그저 걷기 위한 준비과정이고, 지나간 추억이 되는 걸까. 대체 걷는 게 뭐라고, 아이를 걷게 하기 위해 이렇게 많은 시간과 자원을 투입하고, 걷기 시작하면 그 모든 게 보상받기라도 한 듯 기뻐하는 걸까. 걸어서 다행이라고 가슴을 쓸어내리며 안심하는 걸까.

꿈별이를 낳은 지 얼마 되지 않았을 때 '내 아이는 별일이 없다면 두 돌쯤 지나면 걸을 것'이라고 글을 쓴 적이 있다. 세 돌이 지난 지금 돌아보면 참 철없고 오만했던 것 같다. 비장애중심주의 세상에서 걸을 수 있다는 건 특권이다. 두 발로 걸을 수 있음에 나는 매일 감사한다. 그러나 그게 당연한 일은 아니라는 걸 꿈별이를 키우면서 배웠다. 두 발로 서고 걷는 게 얼마나 어려운 일인지, 그 능력을 갖기 위해 얼마나 많은 걸 포기해야 하는지 알게 됐다. 누구나 가질 수 있는 능력이 아니라는 사실도 알게 됐다. 걷지 못한다고 해서 무능력하거나 불행한 게 아니라는 것도 배웠다.

걷지 못해도 괜찮다고 치료를 그만둘 용기도 없고, 재활치료실에 매일 다니는 것과 편히 놀리는 것 중 어느 쪽이 더 아이를 위하는 선택인지 결론 내리지 못한 나는 물리치료를 종료하는 날까지 갈등하며 아이를 데리고 다닐 것이다. 더 많은 치료를 제공하지 못했다는, 반대로 매일 치료실에서 아이를 힘들게 한다는, 상반되는 죄책감에 시달리며. 걸을 때마다 박수를 바라는 꿈별이에게 아낌없이 칭찬하고 응원을 보내겠지만, 걷거나 걷지 못하는 건 너를 사랑하는 데 아무런 영향을 주지 못한다는 사실을 아이에게 믿게 해주는 것, 이 혼란스러운 재활치료 여정에서 내가 놓치지 말아야 할 한 가지다.

'바보'라는 말

"바보야!"

고래가 꿈별이에게 소리쳤다. 꿈별이가 또 누나 장난감을 함부로 만진 모양이다. 순간 피가 거꾸로 솟아 얼굴에 열이 올랐다. 심장이 요동쳤다. '바보라는 말은 어디서 배웠지? 무슨 뜻인지 알고 쓰는 건가?'라는 생각에 미치기 전에 울컥 수치심이 먼저 올라왔다. 미래를 미리 본 것만 같았다. 꿈별이가 언젠가 누군가에게 '바보' 소리를 듣지는 않을까, 내심 불안했기 때문이다.

같이 있던 남편이 나와 거의 동시에 그런 말은 나쁜 말이라며 고래에게 화를 냈다. 그도 나만큼 당황한 걸까. 아니면 그냥 바보라는 말이 나쁜 말이니까 나무라는 것뿐일까. 물어볼 용기는 없었다. 꿈별이가 바보라는 걸 인정하는 꼴이 될까봐 속으로 말을 삼켰다. 그러고는 고래에게 단호하게 말했다. "속상한 건 알겠지만 그런 말은 쓰면 안 돼. 그 말 어디서 배웠니?"

내 엄한 태도가 무색하게 고래가 대꾸했다.

"어린이집 친구들도 쓰지만 엄마도 맨날 그러잖아. '아유, 바보같이 엄마가 또 이랬네'라고."

그랬구나, 내가 쓰던 말이구나.

어느 강연에서 이런 말도 들었다.

"바보라서 그래요. 원래 모자란 애들이 고집이 세."

심장이 덜컥 내려앉았다. 유연한 태도를 가져야 한다는 취지의 발언이었고, 4~5년 전의 나였다면 피식 웃고 지나갔을 말들이다. 그 표현이 핵심 주제도 아니고, 낮은 지적 능력을 비하하려는 의도가 아니라는 것도 알고 있다. 그래도 꿈별이 엄마인 내 얼굴은 벌겋게 달아올랐다.

'바보', '병신' 같은 단어는 과거에 내가 자주 썼던 단어들이다. 나는 욕을 즐겨 했다. 여학생이 정원의 10퍼센트도 안 되는 공대에서 살아남는 나름의 방법은 남자보다 더 강한 마초가 되는 거였다. 대학교 때 MT를 가서 남자 후배가 내게 고기를 구우라기에 30분 동안 쌍욕을 해서 결국 그를 울렸다. 후배들 군기 잡으려는 복학생 남자 선배에게도 소리 지르며 욕을 날렸다. 함부로 건드리면 귀찮아지는 쌈닭으로 소문나자 적어도 내 앞에서 허튼소리 하는 남자는 없어졌다. 그때 자주 쓰던 욕 중에 장애를 비하하는 표현이 많았다.

장애에 대한 감수성이 바닥이었던 이유 중 하나는 비장애인으로 살면서 장애인을 본 적이 거의 없었기 때문이다. 초등학교부터 고등학교까지 12년 동안 장애가 있는 친구를 만난 적이 없었다. 대학 동아리에서 만난 사람 중에 한쪽 손이 없는 선배가 있었지만, 그는 그쪽 소매를 늘 주머니에 넣고 다녀서 가까운 사람 외에는 장애 사실을 몰랐다. 이후로도 종종 지체장애인을 만난 적은 있지만, 지적장애나 자폐를 가진 발달장애인을 만난 적은 없었다. 가까이서 만난 적이 없지만 장애 비하, 혐오 표현을 사용하지 않는 사람들도 물론 있을 것이다. 부끄럽지만 나는 만난 적이 없기에 지적장애인의 존재를 인식하거나 생각해본 적이 없었다. 개그 프로그램에 나오는 '동네 바보 형'이 어딘가에 있겠지만 나와는 상관없는 일처럼 여겨졌다.

'바보' 운운한 그 강사도 가까이에 지적장애를 가진 발달장애인이 있었다면 함부로 비하 표현을 쓰진 않았을 것이다. 발달장애인을 만난 적이 없기에 잘 모를 테고, 잘 모르니까 비하를 하면서도 그 사실을 인지조차 못할 것이다. SNS에서 장애 관련 인물이나 페이지를 팔로우하다 보면 발달장애인 당사자가 SNS 활동을 하는 경우는 드물고 대부분 가족이 대신 소식을 전한다. 발달장애인은 전체 장애인 중 10퍼센트 정도로 수가 적고, 당사자가 자신의 의견을 드러내지 못하는 경우가 많아서 그들에 대한 사람들의 인식이 더 부족한 것 같다. 분명 존재하는데 어디에 있는지 알 수가 없는 것이다.

다운증후군 언니를 둔 SNS 친구가 하루는 이런 글을 올렸다.

"오늘은 언니 혼자 외출을 했는데 동네 단골 가게 이모와 미용실 디자이너가 친절히 대해줘서 너무 행복한 날이라고 즐거워했다. 언니는 사람들이 친절하게 대해주는 것만으로 행복하다고 말한다."

그 글을 읽고 나는 엉엉 울어버렸다. 가게에서, 미용실에서 받는 당연한 친절이 지적장애를 가진 누군가에겐 손에 꼽을 만큼 특별하고 행복한 일이라니. 눈에 보이지 말아야 하는 존재, 가게에 들어가거나 대중교통을 이용하는 것만으로 불친절과 따가운 시선을 맞닥뜨려야 하는 존재가 내 아이의 미래라고 생각하면 돌덩이가 목구멍을 막고 있는 느낌이다.

꿈별이를 낳기 전까지는 '바보'라는 말이 장애인 비하 표현이라고 인지조차 하지 못했다. 너무 가볍게 써서 욕이라고 느끼지도 않았다. '사랑밖에 모르는 바보', '딸바보' 같은 긍정적인 표현에도 쓰이기에 원래 의미에 대해 고심해본 적이 없다. 누가 뭘 모르거나 못하면 "바보 아냐?"라고 톡톡 내뱉었다. 그런데 배 속 꿈별이가 다운증후군을 가진 것 같다는 의사의 말을 들은 후부터 그 말이 거슬리기 시작했다. 내 아이가 남들이 말하는 '바보'일 수도 있겠구나… 아파졌다.

의식하는 것과 달리 내 입버릇은 여전히 바보라는 말을 쓰고 있었던 모양이다. 일곱 살 고래가 제대로 된 뜻도 모르면서 따라서 쓸 정도라면. 내가 실수했을 때 무심코 '바보'라고 자책하는 걸 고래가 다 듣고 있었다니 부끄러웠다. 일곱 살이 쓰기에 좋지 않은 말이라는 것은 의식 차원의 판단이다. 내 언어 습관이 아직도 잘못되었구나 하는 반성도 그렇다. 그러나 내 몸이 뜨거워지고 심장 박동이 빨라지고 얼굴이 화끈거리는 건 무의식의 수치심이 건드려졌기 때문이다. 내 아이가 '바보' 소리를 들을 거라는 비관적 상상이 꽤 오래 무의식 속에 자리를 잡고 있었던 것 같다.

꿈별이에게 장애가 없었다면 내가 지금처럼 당황했을까? 고래는 내 말버릇을 좇아서 "아이 씨!"도 곧잘 하고, 엄마 아빠 이름을 친구 부르듯 부르기도 한다. 그때마다 나는 웃어버린다. '아이 씨'가 좋은 말은 아니지만 나도 못 고치는데 아이한테만 뭐라 할 처지가 아니라 생각했고, 엄마 아빠의 이름을 친구처럼 부르는 건 귀엽다고 생각했다. 꿈별이에게 장애가 없었다면 나는 '바보'라는 말도 웃어 넘겼을지 모른다. "동생한테 바보라고 하면 안 되지" 하고 부드럽게 알려주기만 했을 수도 있다. 그 생각을 하니 슬퍼졌다. '바보'라는 말이 나에게 그냥 단어가 아니라 몸이 반응하는 엄청난 무언가가 되었다는 사실이 아팠다. 슬프고 부끄러웠다.

　명문대를 나온 신체장애인이 장애에 대한 책을 내는 걸 볼 때, 법 제도나 보건, 복지제도에 대해 어려운 말로 비판하는 장애인을 볼 때, 과연 꿈별이가 나중에 자신의 마땅한 권리를 말과 글로 표현할 수 있을까 의문이 든다. 지능이 높은 자폐인이 등장하는 드라마가 높은 인기를 얻는 걸 보며 씁쓸하기도 하다. 지적능력이 뛰어난 비장애인 중에는 무지는 죄라고, 평생 공부해야 함을 강조하는 사람도 있다. 나 또한 지적 호기심이 있어 뭐든 배우는 걸 좋아하지만, 지적능력을 찬양하는 말을 들을 때마다 울컥 화가 난다.

　발달장애인 단체에서는 대선을 앞두고 선거공보물을 더 쉬운 표현으로 바꾸라고 외치고, 장애인도 대선 투표를 할 수 있게 보장하라고 주장했다. 발달장애인은 국민으로서 당연한 권리인 투표권을 행사하기에도 어려움이 많다. 똑똑한 사람들이 지적능력을 뽐내면서 누군가를 배제하는 사회이기에 낮은 지적능력이 조롱의 대상이 되는 건 아닐까? 지적장애를 가진 아이의 엄마가 된 나는 '바보'라는 말이 사라지길 바란다.

말하지 않아도
통해요

네 살 꿈별이는 아직 옹알이 중이다. 제일 많이 하는 의미가 있는 말은 "줘!"인데, 원하는 게 있을 때 두 손을 가지런히 모으고 단호하게 내뱉는다. 처음에는 "주세요~ 해야지"라고 고쳐줬지만 그러다가 "줘"라는 말조차 안 해버릴까 걱정돼서 "줘!" 하면 "그래, 여기 있어"라며 바로 원하는 걸 준다. "줘"라고 말하면 원하는 걸 손에 쥘 수 있다는 상호작용을 경험하는 게 "주세요"라고 또박또박 말하는 것보다 더 중요하다고 생각하기 때문이다. 아니, 그런 걸 다 떠나서 두 손 공손히 모으고 "줘!"라고 말하는 모습이 귀여워서 주지 않을 수 없다.

꿈별이는 돌 전에 '엄마', '아빠' 비슷한 발음으로 옹알이를 했다. 그래서 엄마, 아빠라고 말할 줄 안다고 착각한 적도 있다. 그 발음을 할 줄은 알지만 정확히 엄마를 부를 때 "엄마"라고, 아빠를 부를 때 "아빠"라고 말하지는 못한다. 발달바우처 서비스로 처음 집 근처 센터에서 언어치료를 받기 시작했을 때 언어치료사 선생님과 합이 좋았는지 발화가 많이 늘었던 시기가 있다. 자기 양말을 가리키며 "앙마"라 하고, 뽀로로를 보고 "뽀", 비눗방울이 팡 터진다고 "빵", 자동차 장난감을 밀며 "붕", 까꿍놀이를 하며 "업따"라고 발음한 적도 있다. 그런데 아쉽게도 몇 달 지나지 않아 담당 치료사가 바뀌면서 꿈별이의 발화도 멈춰버렸다.

첫째 고래는 돌 전에 말을 다 알아듣는 양 나와 상호작용을 했고, 돌 이후에 말이 폭발적으로 늘었다. 말문이 트이기 전에 말 뜻을 다 이해하고 있었다고 볼 수밖에 없을 정도의 언어 능력이었다. 말이 유독 빠른 편이었기에 지적장애가 있는 꿈별이와의 간극이 클 수밖에 없다. 고래를 키울 때 나는 집에서 하루 종일 아이에게 말을 걸어줘서 그런 거라고 착각했다.

　지금은 언어치료실에서 집에서 어떤 걸 해주라거나 관찰하고 오라 하면 "네~" 대답하면서 한 귀로 듣고 한 귀로 흘려버린다. 치료사가 알면 섭섭하고 답답해 하겠지만, 매일 두세 군데 치료실에 가고, 수시로 병원 진료를 다니는 나로서는 의료진이나 전문가가 집에 가서 해주라는 숙제가 너무 많기에 그걸 다 할 수가 없다. 집에 오면 오후에 잠깐 내 할 일을 하고, 첫째 하원, 둘째 하원을 한 다음 저녁밥 차리고, 정리하고, 애들을 씻기고 재워야 된다. 집에서까지 애 붙잡고 이거 해봐, 저거 해봐 할 에너지도 없고 그러고 싶지도 않다. 매일 치료실 다니는 꿈별이도 집에서는 편히 놀고 쉬고 싶지 않을까. 이제는 엄마가 어떻게 해줘서 애가 말이 빠르다든가, 못해줘서 느리다든가 하는 말을 믿지 않는다. 엄마의 언어 자극이 중요하다고 주장하는 책을 사놓고 읽지도 않았다. 장애 아이를 키우는 엄마에게는 숙제가 너무 많다. 시간을 쪼개 꾸역꾸역 그걸 해준다고 꿈별이가 갑자기 말을 잘 알아듣게 되고 "엄마 밥 주세요" 할 것 같지 않다.

　신생아는 모든 걸 울음으로 표현한다. 배가 고파도, 졸려도, 춥거나 더워도, 쉬나 응가를 해도, 어디가 불편하거나 엄마가 보고 싶어도 운다. 아무 이유 없이도 운다. 그 울음에 대응을 하고 달래다 보면 처음 아이를 키우는 엄마도 '아, 지금은 배가 고프구나', '아, 지금은 기저귀 갈아 달라는 거구나' 알아차릴 수 있게 된다. 주양육자로서 아이와 밀착해서 일 년 이상 지내다 보면 말은 못해도 아이가 뭘 원하는지 거의 알 수 있다. 아직 11개월 발달을 보이지만 네 살배기 꿈별이가 내게 요구하는 건 옹알이조차 안 해도 훤히 보인다. 점점 커가는 꿈별이는 나름의 방법으로 의사 표현을 한다. 어떤 장난감을 작동시켜주길 바라면 내 손을 끌고 그 앞에 가서 "응응" 한다. "이거 해달라고?" 하면 좋아한다.

요즘은 코로나19 때문에 어른들이 마스크를 쓰고 있을 때가 많아서 언어발달에 문제가 생긴 아이들이 늘고 있다 한다. 평이 좋은 언어치료실은 몇 달씩 대기해야 하는 건 기본이다. 고래도 말을 배우던 시기에 내 입을 뚫어져라 보고 새 단어를 익힐 때는 수백 번 반복해서 듣고 말했다. 음성언어를 배울 때 입 모양을 관찰하는 것도 중요하지만 표정으로 전달되는 비언어적 표현도 많은데, 팬데믹 시대를 사는 요즘 아이들은 소통 기술을 배울 기회가 점점 줄어드는 것 같다. 꿈별이도 집에서는 누나 옆에서 색연필 쥐고 그림도 잘 그리지만, 마스크 쓴 선생님들이 소근육 강화 활동을 시키면 잘하던 행동도 거부하고 짜증을 낸다. 편안한 집이 아니라서 그렇기도 하겠지만, 아이 입장에서는 마스크를 쓴 선생님의 표정이 잘 안 보이니 뭘 원하는지 알아차리기 어려울 것이다.

내가 발달장애 아이의 언어 발달에 대해 공부해서 집에서 이것저것 자극을 주면 마스크 없이 소통할 수 있어서 아이에게 더 좋겠지만, 나는 일주일에 한두 번 전문가인 언어치료사에게 꿈별이를 맡기고 집에서는 편히 지내기로 했다. 꿈별이를 낳은 뒤로 당연하다고 여겨지는 일이 진짜 당연한가 의문을 갖게 될 때가 많다. '꼭 걸어야 하나?' 질문했던 것처럼 '꿈별이가 꼭 유창하게 말을 해야 하나?' 하는 의문이 든다. 엄마가 언어자극을 주고 같은 단어를 비장애 아이들에게 해주는 것보다 수백, 수천 배 더 많이 말해주고, 아이의 혀 운동을 자극하고, 발음을 정확하게 만들어주고, 일상에서 마주칠 일이 없는 사물 그림이 그려진 단어 카드를 눈앞에 들이밀고, 꼭 그래야 하나?

꿈별이가 내 말을 정확히 이해를 하든, 대충 상황을 이해해서 반응을 하든 그게 그렇게 중요할까?

음성언어 없이도 소통이 이루어질 수 있다는 걸 꿈별이를 통해 배웠다. 꿈별이는 엄마의 감정을 잘 알아차린다. 내가 슬프거나 기운이 없을 때는 나를 끌어안고 등을 가만히 토닥여준다. 그 손길이 얼마나 사려 깊은지 겪어보지 않은 사람은 상상하지 못할 것이다. 뭔가 실수를 하거나, 하지 말라는 행동을 했을 때 꿈별이는 '나는 아무것도 몰라요'라는 표정으로 먼 산을 본다. 싫으면 고개를 강하게 가로저으며 손으로 밀치고, 좋으면 앉은 채로 엉덩이를 들썩여 가까이 다가온다. 말을 못해도 우리는 다 통한다.

어린이집에서도 마찬가지다. 선생님들이 관찰한 바에 따르면 같은 반 비장애 친구들은 꿈별이와 노는 방법을 아는 것 같다고 한다. 뛰다가도 꿈별이가 앉아 있거나 누워 있으면 그 주변에서는 조심히 걷고, 낯 가리는 꿈별이에게 천천히 다가와서 눈 마주치고 까르르 웃으며 같이 논다고 한다. 아이들은 누가 말이 느리다고 교정의 대상으로 보지 않는다. 그 아이와 노는 방법을 찾아낼 뿐이다.

'때 되면 다 한다'는 흔한 말, 꿈별이를 낳고 그 말을 싫어하게 됐다. 때가 되어도 못 걷는 아이도, 때 되어도 말을 못하는 아이도 있다. 꿈별이가 내게 알려준 건 '안 해도 괜찮아'다. 꼭 그게 아니어도 돼. 중요한 건 그게 아니야. 지금이 아니어도 돼. 못해도 돼. 꿈별이가 나에게 "엄마"라고 하지 않아도 엄마한테 뽀뽀하려고 달려드는 데서 그 사랑을 알 수 있고, "누나"라고 부르지 않아도 누나 뒤꽁무니 쫓아다니는 걸 보면 그 사랑을 알 수 있고, 현관문 소리에 활짝 웃으며 손부터 흔드는 걸 보면 "아빠!" 하고 외치지 않아도 아빠를 사랑한다는 걸 알 수 있다. 꿈별이는 다 표현하고 있다. 그 표현을 알아들을 능력을 키워야 하는 사람은 우리다.

"내 동생은
귀요미 장애인!"

"엄마, 귀가 안 들리면 장애인이야, 아니면 눈이 안 보이면 장애인이야?"

학교에서 돌아온 고래가 물었다. 고래는 올해 초등학교에 입학해서 새로운 것들을 많이 배우고 있다. 선생님이나 친구들에게 들은 말 중 이해가 안 되는 게 있으면 집에 와서 내게 정확한 의미를 묻곤 한다.

"둘 다 장애가 있는 거야. 장애 종류가 많아. 학교에서 배웠어?"

고래는 책가방에서 종이를 꺼냈다. 휠체어를 탄 사람,

수어를 쓰는 사람, 눈이 보이지 않는 사람 등의 그림이 있었다. '장애인의 날'을 맞아 관련 수업을 한 모양이었다. 여러 유형의 장애인과 비장애인이 어우러져 활동하는 그림도 있었다. 장애에 대한 영상을 보고 이야기도 나눴다고 했다. 고래와 함께 종이에 그려진 그림을 하나씩 보면서 이야기를 했다. 그중 친구들과 함께 노래하고 춤을 추는 그림을 보면서 고래가 이건 무슨 장애인지 모르겠다고 말했다. 아마도 발달장애를 나타낸 그림인 것 같았다.

양육자가 확인하는 학교의 알림 애플리케이션에 '2022 장애인의 날 안내 및 인권교육'이라는 제목의 공지가 올라왔다. 첫 문장은 "제 42회 장애인의 날(4월 20일. 장애인 차별 철폐의 날)을 맞이하여 자녀들과 함께 장애를 이해하고 장애인 인권에 대한 이야기를 나누며 생각해보는 시간을 가지시길 바랍니다"로 시작했다. 시혜적 의미가 느껴지는 '장애인의 날'을 거부하는 뜻에서 장애인 단체에서는 '장애인 차별 철폐의 날'이라 부르는데 그것까지 안내되어 있어서 단순한 요식 행사가 아니라는 진정성이 느껴졌다.

고래한테 여태까지 동생 꿈별이의 장애에 대해 말해준

적이 없었다. 십이지장 폐쇄로 생후 이틀날 큰 수술을 받은 꿈별이를 신생아 중환자실에 두고 먼저 퇴원했을 때 고래에게 "꿈별이가 아파서 수술을 받았어. 치료가 끝나면 집에 올 거야"라고 말했다. 퇴원 후에도 사흘이 멀다고 검사와 진료를 받으러 다녔지만, 그때마다 "꿈별이가 아파서 병원에 가는 거야"라고 이야기했다. 재활치료를 시작한 뒤에도 "꿈별이는 좀 느려서 치료를 받아야 돼"라고만 말했을 뿐이다.

장애가 뭔지, 다운증후군이 뭔지 알 길이 없는 고래에게 꿈별이는 그저 꿈별이었다. 퇴원해서 집에 온 동생을 질투하기보다는 안아주고 뽀뽀하기 바빴다. 큰 수술을 받아서 약에 취한 건지, 회복하느라 기력이 없어서인지, 발달장애 때문인지 모르지만 신생아 시절 꿈별이는 울지도 않고 축 처져서 자기만 했다. 다른 아기와 비교를 할 수도 없고, 발달단계에 대해서도 모르기에 고래는 꿈별이에게 무언가 '문제'가 있다고 생각하지 않았다. 나 역시 이미 배 속에서부터 꿈별이 장애에 대해 알고 있는 상태로 아이를 만났기에, 충격에 빠져 허우적대는 대신 고래가 꿈별이를 자연스럽게 받아들이게 하려고 노력했다.

고래가 꿈별이의 '다름'을 눈치챈 건 돌 즈음이었다. 아빠 친구 아이의 돌잔치에 다녀온 기억을 떠올리며, 그때 그 애는 걸었는데 왜 꿈별이는 앉지도 못하냐고 처음 물었다. "꿈별이는 느려서 그래. 천천히 할 거야"라고 대수롭지 않은 듯 대답했지만, 가슴이 아팠다. 그 계기로 고래는 '느리다'는 말의 뜻을 이해하게 된 것 같다. 이후로는 말끝마다 "꿈별이는 느려서 그렇지?"라고 물었다. 그때마다 가슴이 바늘로 찌르는 듯했다.

꿈별이가 세 살이 되자 일곱 살 고래는 본격적으로 묻기 시작했다.

"엄마, 꿈별이는 세 살인데 왜 못 걸어?"

아직 바닥에 붙어 굴러다니거나 배밀이를 하는 동생을 보며 고래는 어리둥절해했다. 꿈별이와 같은 나이의 동생들이 어린이집에 다니게 된 후로는 자주 그런 말을 했다. 두 돌이 지난 꿈별이는 기지도 못하고 일 년 넘도록 배밀이만 할 때였기에 고래의 비교에 내 마음도 덩달아 조급해지곤 했다.

복지관에서 교구를 받아올 때나, 발달센터에 가서 언어치료 받는 꿈별이를 같이 기다릴 때 고래는 질투했다. "왜 꿈별이는 자꾸 장난감을 받아?" 묻기도 하고, "왜 꿈별이는 장난감 많은 데서 선생님이랑 둘이 놀아? 나도 들어가고 싶어" 하며 언어치료실 안을 들여다보기도 했다. 특별한 장난감이나 재활치료 하나 없이도 걷고 말하던 고래에게 새삼 고맙기도 했고, 아무리 치료를 받아도 진전이 없는 꿈별이를 보며 타들어가는 엄마 속도 모르고 동생을 질투하는 고래가 얄밉기도 했다. 그때까지도 꿈별이의 장애에 대해 자세히 말하진 않았다. 그저 꿈별이는 조금 느려서 그럴 뿐이라고, 고래를 달랬다.

그런데 오늘, 1학년 고래가 학교에서 장애에 대해서 수업을 듣고 활동을 하고 "내가 장애인이라면 듣고 싶은 말은?"이라는 질문에 "함께 놀자"라는 답을 적어왔기에 이제 때가 됐다는 생각이 들었다. 저녁을 먹고 나서 고래에게 말했다.

"고래야. 꿈별이도 장애인이야."

고래는 눈이 똥그래졌다.

"꿈별이가 무슨 장애인이야."

"꿈별이는 발달장애인이야. 느리잖아."

"느리면 장애인이야?"

발달장애를 어떻게 설명해야 할까. 21번 염색체가 세 개인 다운증후군은 또 어떻게 설명해야 할까, 순간 당황했다. 얼른 책장을 뒤져 꿈별이가 태어나자마자 사두었던 그림책『내 동생과 할 수 있는 백만 가지 일』을 꺼냈다. 이 그림책에는 비장애인 누나 엠마와 다운증후군을 가진 동생 아이삭이 등장한다. 전에도 읽어준 적이 있었지만 자세한 설명은 하지 않았는데, 고래와 소파에 앉아 책을 다시 읽기 시작했다.

엄마 배 속에 동생이 생겨서 기분이 좋지 않은 엠마에게 아빠는 동생이 생기면 함께할 수 있는 일이 아주 많을 거라고 말한다. 엠마는 좋아하는 일을 동생과 함께할 수 있을 거라는 생각에 기분이 풀린다. 할머니 농장의 송아지를 돌보고, 자동차에서 같이 과자를 먹고, 메롱 놀이를 하며 같이 그림을 그리고, 고모네 집에도 같이 놀러가고, 같이 아프리카에 가는 등 동생과 할 수 있는 일을 백만 가지도 넘게 생각해낸다.

동생이 태어난 후 아빠는 슬픈 표정으로 "네 동생 아이삭이 다운증후군이라는구나"라고 말한다. 엠마는 묻는다.

"아이삭이 저랑 공놀이를 못하는 거죠?"

"아이삭이 송아지에게 우유를 먹일 수 없나요?"

"자동차 뒷자리에서 과자를 먹고, 지나가는 차에 혀 내미는 걸 못하나요?"

"저랑 아프리카에는 같이 못 가는 거죠? 그렇죠?"

엠마는 생각했던 백만 가지 일 중에서 아이삭과 할 수 없는 일은 하나도 없었기에 고개를 갸우뚱한다. 아빠는 엠마를 껴안고 "우리가 아이삭을 기다려주고 도와주기만 하면 못할 일이 하나도 없을 거야"라고 말한다.

그림책의 뒷부분에는 '다운증후군에 대해 알고 싶어요'라는 제목 아래에 다운증후군이 무엇이며 왜 생기는지, 말을 할 수 있는지, 학교에 갈 수 있는지 등이 아이들이 이해하기 쉬운 말로 설명되어 있다. 전에는 앞부분 내용만 읽고 덮었는데 이번에는 뒤에 나온 설명글까지 다 읽어줬다. 그리고 말했다.

"꿈별이도 아이삭처럼 다운증후군이야. 걷고 말할 때까지 많은 도움과 시간이 필요해. 그래서 엄마가 매일 꿈별이를 데리고 병원이나 치료실에 다니는 거야. 고래는 네 살 때 산에도 오르고 말도 잘했지만 꿈별이는 이제 막 걸음마를 시작했고, 아직 말을 못하잖아. 그렇지만 이 책에 나온 것처럼 꿈별이도 기다려주고 도와주면 말도 하고 그림도 그리고 같이 여행도 가고 공놀이도 할 수 있어."

고래는 진지한 표정으로 고개를 끄덕였다. 다 알아들은 것 같았다. 꿈별이가 우리 가족인 것처럼, 다른 장애인도 누군가의 가족이나 친구라고 말해줬다. 내가 그림책을 읽어주는 동안 식탁을 정리하던 남편도 옆에 와서, 누구나 장애인이 될 수 있고 모두 다 같이 어울려 사는 거라며 거들었다. 남편은 꿈별이를 받아들이기까지 오래 걸렸기에 다시 사이가 좋아진 후에도 직접 장애에 대해 이야기를 한 적은 없는데 자연스럽게 같이 고래에게 가르쳐주는 게 고마웠다.

이야기가 끝나고서 어떠냐고 고래에게 물었다. 우리 셋이 소파에 앉아 이야기를 나누는 동안 매트에서 꼼지락거리며 놀고 있던 꿈별이에게 다가가더니 껴안으며 고래가 말했다.

"귀요미 장애인!"

남편과 나는 웃음이 빵 터졌다. 장애에 대해 이해하고 자연스럽게 받아들이며, 동생에게 '귀여운 장애인'이라고 스스럼없이 말하는 게 역시 편견 없는 아이다웠다. 우리도 고래처럼 유쾌하게 꿈별이의 장애를 받아들였다면 얼마나 좋았을까. 물론 고래가 다운증후군과 장애에 대해 그 의미를 다 이해하지는 못했을 것이다. 나도 꿈별이를 만나서 이제 막 알아가는 중이니, 앞으로 장애와 장애 인권에 대해서, 다운증후군에 대해서 고래도 함께 공부해야 할 거다. 그 시작을 기분 좋게 하게 되어 다행이다.

이런 이야기를 네 가족이 모여서 나눌 수 있다는 것에도 감사했다. 꿈별이가 배 속에 있을 때 다운증후군 확진 판정을 받고, 지옥 같은 임신 후기를 보내고, 비장한 각오로 아이를 만났지만 합병증 병명이 하나씩 추가될 때마다 눈물을 쏟으며 병원을 오갔다. 남편과도 서로 날선 말들만 주고받던 시기가 있었다. 그 고비들을 무사히 넘기고, 네 식구가 모여 앉아 다운증후군과 장애에 대해 편안하게 이야기를 나누고 또 함께 웃을 수 있다니, 기적 같은 일이다. 우리 가족이 산 하나를 또 넘은 느낌이었다. 장애인의 날, 장애인 차별 철폐의 날, 고래에게 꿈별이 장애에 대해 처음 말해준 날, 오늘을 평생 잊지 못할 것 같다.

그제야 은유 작가가 말하는 '쓰는 사람의 윤리'가 귀에 들어왔다.
나는 주변 사람들에 대해 어떻게 쓰고 있었나. 다른 사람, 다른 존재를
내 글감으로 함부로 써도 되는 걸까. 처음으로 돌아보게 됐다.
내가 살기 위해 쓴 글이 그를 더 아프게 했다는 게 미안하고 아팠다.

꿈별이 엄마,
꿈별이 아빠를 인터뷰하다

"무슨 인터뷰를 한다는 거야?"

2021년 가을밤, 아이들을 맡기고 회의실을 대관해 남편과 둘이 마주 앉았다. 할 말 없다, 대체 뭘 하자는 거냐, 그냥 집에서 하면 안 되냐, 구시렁대면서도 그는 꼬박 하루를 고민한 뒤 인터뷰에 응했다. 인터뷰를 요청한 건 나였지만, 막상 그 시간이 다가오니 걱정이 됐다. 남편의 이야기가 듣고 싶은 마음과, 그의 말에 상처받을까봐 두려운 마음이 싸웠다. 그래도 부딪혀보고 싶다는 마음이 이겼다.

둘째 임신 후기부터 돌 때까지 1년 3개월 가까이 우리는 거의 대화를 하지 않았다. 남편은 꿈별이가 9개월 때 중동으로 해외 발령을 받아 나갔다가 16개월 즈음에 돌아 왔다. 돌 무렵 휴가를 나왔을 때 화해를 청했다. 이제 잘 지내보자고 남편이 먼저 손을 내민 후로 사이는 많이 좋 아졌지만, 서로 힘들었던 시절 이야기는 일절 꺼내지 않았 다. 남남처럼 살았던 시기가 아예 없었던 것처럼, 늘 화목 한 가정이었던 것처럼, 나들이를 하고 여행을 다니고 사진 을 찍고 외식을 했다. 하지만 언제까지 모른 척 살 수는 없 지 않은가. 그는 그 시기를 어떻게 지내왔는지, 무슨 생각 을 하면서 버텼는지 궁금했다. 은유 작가와 함께하는 '감 응의 글쓰기' 과제를 핑계로 그의 이야기를 들어보기로 하고 가벼운 질문부터 시작했다.

* * *

최근에 제일 좋았던 일이 뭐야?

며칠 전에 꿈별이 그네 밀어줄 때. 오랜만에 밀어주는데 애가 너무 좋아해서 웃음 코드가 딱 맞는 느낌이 들었어.

진짜 같이 노는 것 같더라고. 꿈별이랑 이런 상호작용은
처음이었던 것 같아.

그럼, 안 좋았던 일은 뭐가 있어?

회사 일이지. 해외 현장에서 같이 고생한 사람들 다 지금 없어. 퇴사하거나 전배 가거나. 하던 업무 열심히 하겠다는 사람을 갑자기 회사에서 다른 부서로 보내. 10년 넘게 일하던 사람들이 갑자기 엉뚱한 부서 가서 신입사원처럼 아무것도 모르는 상태로 일을 해야 되니 얼마나 막막하겠어. 근데 또 처자식이 있으니까 때려치우지도 못해.

　사실 (중동) 현장은 어쨌든 거기서 끝내야 되는 하나의 목표에 모든 사람들이 매진해서 일을 하니까 되게 분위기가 좋아. 진짜 으샤으샤 일하는 분위기지. 일을 딱 끝내고 본사 왔는데 경기가 안 좋다고 이 일을 접는다 하고, 사람들 다 내보내고 그러니까 분위기도 정말 많이 처지고, 그 스트레스가 제일 크지. 회사 가도 신나게 일하는 그런 느낌이 아니니까.

고래도 학교 들어가고, 많이 기대되지. 어린이집을 같이 다닌 친구들이 계속 같은 초등학교를 가면 몰라도 거기서 처음부터 적응해야 되는데, 고래가 요즘 더 예민해진 것 같아서 걱정도 돼. 당신이 어떻게 받아들일지 모르겠지만, 고래가 계속 채식을 하는 게 다른 애들이 보기에는 다가 가기가 쉽지 않을 것 같기도 하고, 고래가 먼저 다가가는 성격도 아니잖아. 이제 많이 건강해졌으니까 친구들이랑 같이 급식을 먹으면 좋겠어.

웃긴 말 할 때. 허를 찌르는 단어를 얘기하는 그런 게 너무 웃긴데, 우리가 재밌어 하는 걸 애가 보고 행복해하잖아. 너무 사랑스럽지. 엄마 아빠가 웃으면 뿌듯해하면서 더 하 려고 그러고, 더 웃게 해주려고. 그리고 다른 친구들이나 다른 사람들한테 피해를 안 주려고 하는 거? 자기 것만 욕 심부리거나 하지 않는 것도 사랑스럽지.

<u>꿈별이에게 가장 사랑스러운 점은 뭐야?</u>

아까 말했듯이 이제 좀 커서 합을 맞춰서 노는 느낌이 드
는 거. 소리 지르고 같이 웃고. 혼자 옹알이하면서 중얼거
릴 때도 귀여워.

<u>꿈별이를 볼 때 걱정되는 점이 있어?</u>

근력이 빨리 늘면 좋겠는데…. 오늘 처음 봤어, 그렇게 자
기 혼자 일어나서 서 있는 거. 섰다가 몇 초 있다 앉고 다
시 또 서는 걸 계속하더라고. 확실히 조금씩 늘고 있는데
속도가 느리니까 좀 빨리빨리 근력이 늘면 좋겠다 싶지.

<u>꿈별이 처음 태어났을 때는 어땠어?</u>

그때는 심적으로 많이 힘들었을 때니까 사실 고래 태어났
을 때만큼 그런 느낌은 아니었던 것 같아. 어쨌든 아기가
눈앞에 보이니까 많은 생각이 들었지. 애를 잘 먹여 살려
야겠구나. 애가 쪼그맣고 귀엽고 그런데 큰 수술 받고 누

215

워 있으니 짠하고. 그때 어떤 정신이었는지 잘 기억이 안
나. 제정신으로 살았던 것 같지 않아. 그때는 자기가 되게
싫었어. '자, 태어났으니까 너도 이제 생각을 고쳐먹어!'
이렇게 나한테 강요한다는 느낌이 들어 너무 싫었지.

자기가 글 쓰는 것도 되게 싫었어. 아니, 그냥 장애아가
태어나면 태어난 거지. 그거를 왜 저렇게 어필을 하지? 왜
모든 사람들한테 저렇게 떠벌리고 다니지? 그냥 평범하게
살면 되는 거 아닌가. 자기 글은 "나는 옳은 일을 했고 나
는 고난을 이겨내서 결국은 이렇게 했다" 이렇게 쓰여 있
으니까. 꿈별이 낳지 말자고 한 나랑 가족들에 대해서 "저
사람들 나쁜 사람들이에요"라고 계속 글로 얘기하는 것
같은 느낌이 들었거든. 매도당하는 느낌이었어. 자기 글에
또 사람들이 호응하고 이런 게 너무 싫은 거야.

나름대로 극복하기 위해서 글을 쓰는구나, 이해하려고
도 해보고, 말릴 수는 없다고 생각했어. 그냥 내가 끊었지,
관심을. 보면 화가 나니까. 무슨 정신으로 살았는지 모르
겠어. 지금 생각해보면 어떻게 그런 감정을 가지고 살았을
까, 어디다 불이라도 지르지 않으니 다행이지.

지금은 어때?

그냥 그냥. 지금은 이제 이렇게 얘기를 할 수 있는 거지.
그때 그랬다고.

어떻게 생각이 바뀌게 됐어? 중동에서 무슨 일이 있었어?

생각을 많이 하게 됐지. 폭풍 같은 한국 생활에서 갑자기
무인도 같은 데 간 거잖아. 오히려 중동 현장에 안 갔으
면 그 감정이 어떻게 더 발전했을지 모르지만. 거기서 혼
자 생각할 시간도 많아졌고 감정에 휩쓸리지 않고 상황을
객관적으로 볼 수 있게 됐다고 해야 하나. '앞으로도 이렇
게 살 수는 없잖아, 어떻게 할 거야' 이렇게 자문자답을 하
면서 어떻게 살아야겠다 하는 다짐도 하고, 나쁜 감정들은
다 잘라내고 어쨌든 잘 살아야겠다라는 생각이 들었지.

그게 잘라낸다고 잘라져?

몰라. 아직 남아 있나. 약간 욱하는 게 남아 있는 것 같기

도 하고. 어떤 특별한 계기가 있었다기보다는 그런 생각을 계속하다 보니까 서서히 정리가 됐어. 어느 날은 갑자기 슬픔에 싸였다 어느 날은 또 희망에 찼다가, 어느 날은 분노에 휩싸였다가 그랬지. 한국 와서도 한동안은 계속 밤에 잠 못 자고 그럴 때도 많았어. 악몽 꾸고 막. 나는 중동에서 그 챕터를 끝낸 거야. 그리고 이제 다음 챕터를 펼쳐서 사는데, 이전 챕터로는 돌아가고 싶지 않은 거지. 그 감정을 다시 떠올리고 싶지도 않아서 그냥 닫았는데, 닫는다고 닫혀지는 게 아니니까 내색은 안 하려고 했지만 중간중간 약간 폭발하는 지점이 있었고. 그래도 옛날보다는 많이 평정심을 찾았지. 근데 설거지 쌓이는 건 화가 나. 자기가 좀 하면 안 되냐!

결혼생활을 끝내지 않기로 선택한 거잖아. 이유가 있어?

끝내기에는 너무 아깝잖아. 내가 너한테 쏟은 시간과 노력을 생각하면. 내가 그 술꼬장을 다 받아주면서 버텼는데!

그게 아까워서?

어. 나중에 누구한테 하소연할 사람도 없고. 처음의 분노
는 현실을 부정하는 거고, 현실을 인정했을 때 어떻게 하
면 내가 행복하게 살 수 있을까를 많이 고민했던 것 같아.
그럼 나는 이혼하면 행복할까. 절대 행복할 것 같지 않았
어. 고래도 못 보고. 보긴 하겠지만. 아무튼 아까웠어.

꿈별이가 장애등록도 하고 복지카드도 나왔잖아. 장애아
아빠가 된 기분은 어때?

나는 오히려 꿈별이 태어나기 전에 느꼈던 공포감이 지금
은 거의 없어. 그냥 그런가 보다. 옛날에는 장애인 복지카
드 그런 거 나오면 얼마나 절망적일까, 그런 생각도 했지.
그때는 공포감이 워낙 컸으니까. 지금은 복지카드로 할인
되냐고, 자동차세 면제되냐고 묻고 그러잖아. 그냥 그냥,
그렇게 받아들이는 거지.

중동에 있을 때 이야기할 사람도 없고 어떻게 보면 갇혀
있다시피 한 거잖아. 그 시기를 버틴 힘이 뭐 거 같아?

고래지. 고래가 크지. 그리고 중동에 있을 때는 처음에 잠을 한 시간도 못 자는 날이 많았어. 잠 잘 오게 하려고 맨날 운동하고, 일할 때도 현장 계속 돌아다니고, 몸을 혹사했지. 술 마시고도 운동하고. 진짜 끝장을 본다는 생각으로 운동을 했어. 운동하고 나면 좀 기운이 나는 느낌? 그런 게 도움이 많이 됐던 것 같아. 건강해지니까.

<u>오히려 잘 됐던 거네. 그때 해외근무를 간 게.</u>

그렇지. 다른 생각이 안 들었지. 별 보고 출근해서 별 보고 퇴근하고. 점심시간에도 운동하고. 이런 생활을 하루도 안 쉬고 했어. 지금 다시 하라고 하면 못할 것 같은데 그땐 아무 생각 없이 막 했어.

<u>앞으로 우리는 어떻게 지내면 좋겠어?</u>

그냥 잘 지내면 좋지. 옛날에는 자기가 맨날 이상을 추구하면서 채식하고, 발도르프 교육 하고, 그런 게 좀 멀게 느껴졌어. 나중에는 서로 다른 걸 바라보고 있지 않을까 안

타까운 마음도 들었어. 이렇게 다르고 이렇게 고집 센 사람이랑 계속 어떻게 살지, 내가 그냥 맞춰주는 수밖에 없나, 끝까지 잘 살 수 있을까, 그런 생각도 많이 했지. 근데 요즘은 그렇게 다르다는 생각은 안 들어. 자기가 바뀐 건지, 내가 바뀐 건지. 이제는 내가 말하면 들어주는 느낌, 말이 통하는 느낌이 있어.

<u>인터뷰해보니 어때?</u>

두 시간이나 뭘 얘기하나 했는데, 두 시간이 갔네. 우리가 안 좋았던 시기에 대해 말로 정리할 기회도 없었고, 아예 그때 생각 자체를 안 했었거든. 그런데 이렇게 얘기하고 보니까 그때 그래도 정신없었지만 내가 잘 버텼구나, 싶네. 그리고 마흔이 되어서 큰 변화의 한가운데에 있는 것 같은데, 내 얘기를 하면서 내가 서 있는 위치와 주변을 좀 돌아보는 좋은 기회가 된 것 같아.(박수)

* * *

꿈별이의 장애를 알고 낳아서 기르는 과정을 토해내듯 글로 써왔지만, 그때의 나는 남편이 그랬듯 분노와 슬픔에 휩싸여서 주변을 둘러보지 못했다. 혼자 복받치는 불행을 쏟아냈을 뿐이었다. 3년 가까이 토해내고 나니 글쓰기 강의를 들을 마음의 여유도 생겼고, 그제야 은유 작가가 말하는 '쓰는 사람의 윤리'가 귀에 들어왔다. 나는 주변 사람들에 대해 어떻게 쓰고 있었나, 다른 사람, 다른 존재를 내 글감으로 함부로 써도 되는 걸까, 처음으로 돌아보게 됐다. 내가 살기 위해 쓴 글이 그를 더 아프게 했다는 게 미안하고 아팠다.

글쓰기가 아니었다면 지금 그와 마주 앉아 그의 입장을 들어볼 용기도 못 냈을 거라고, 그 당시 나의 쓰기를 변호해본다.

다운증후군 아이가 찾아왔다

초판 1쇄 발행 2023년 1월 25일
초판 2쇄 발행 2023년 11월 5일

글쓴이 울림 편집 장희숙
펴낸이 현병호 펴낸곳 도서출판 민들레
출판등록 1998년 8월 28일 제10-1632호
주소 서울시 성북구 동소문로 47-15
전화 02-322-1603 전송 02-6008-4399
이메일 mindlebook@gmail.com 홈페이지 www.mindle.org

ISBN 979-11-91621-13-6(13590) 잘못 만들어진 책은 바꿔 드립니다.

이 도서는 한국출판문화산업진흥원의 '2022년 중소출판사 출판콘텐츠
창작 지원 사업'의 일환으로 국민체육진흥기금을 지원받아 제작되었습니다.